玉石里的中国

叶舒宪 著

上海文艺出版社
Shanghai Literature & Art Publishing House

出版者的话

　　作为人类四大古文明之一，华夏文明是世界上唯一没有中断并持续发展到今天的文明体系。这一文明体系发源于中国这片土地，在这片土地上发展壮大，立足于这片土地，敞开胸怀接纳吸收来自全人类的优秀文化元素，并不断向周边国家乃至全球传播，在对外交流中又进一步得到完善，从而形成了当今中国的文化面貌，也塑造着我们华夏民族优秀的精神品格。

　　对这样的文化，我们完全应该有充分的自信。而文化自信，是一个国家、一个民族发展中最基本、最深沉、最持久的力量。为此，我们决定组织编写这套"九说中国"丛书。

"九"这个数字，在中国传统文化中有着特殊的象征意味。在古时，九为阳数的极数，又是大数、多数的虚数，所以，既可以表示尊贵，也可以代表全部。据《尚书·禹贡》所载，大禹治水，后来称王，将天下划分为徐州、冀州、兖州、青州、扬州、荆州、豫州、梁州、雍州等九州；后来，九州可以代指整个中国。青铜器有"九鼎"，成语"一言九鼎"表示说话有分量。"九"还与"久"谐音，有长长久久、绵延不绝之意。

"九说中国"系列丛书在体例上力图打破传统的学科界限和历史分期，从文化表现的角度着眼，系统展示华夏五千年文明的核心元素与基本样貌，凸显中国思想的博大精深、中国文化的源远流长、中国精神的丰富多彩，进而揭示华夏文明所具有的独特气质和深刻内涵，展示华夏文明的兼容并蓄和强大生命力。

中华优秀传统文化需要创造性转化，需要创新性发展；转化与发展最终一定是从实处、细微处生发出来。"九说中国"系列丛书邀请对中国文化素有研究的学者，从承载中华优秀文化的诸多细小的局部和环节入手，从最能代表中国气质、中国气象、中国气派的人物、事物、景物、风物、器物中，选取若干精彩靓丽的内容，以生动的语言和独特的叙事方式，描述华夏传统的不同侧面，向读者传达中华优秀传统文化的精气神。

"九说中国"系列丛书将分辑陆续推出，每辑九种。第一辑九种书目，涉及文字、诗歌、信仰、技术、建筑、民俗日常，并推究建立于其上、传承数千年的华夏观念。为了让海外读者有机会了解中国文化的博大精深和丰富多彩，本丛书在适当的时候还拟推出多种语言的国际版。

上下五千年，纵横一万里。"九说中国"系列丛书力求涵盖面广，兼顾古今，并恰当地引入中外比照；做到"立论有深度，语言有温度，视野有广度"，同时用当代读者喜闻乐见的表达形式加以呈现。

当然，丛书的编写是否达到了策划的预期，还有待读者诸君评鉴。欢迎各位随时提出批评改进的意见和建议。

壹

为何讲『玉石里的中国』？

玉石里的中国史，是近万年来一直延续着的、不曾中断的历史。这代表着在 21 世纪初年，国学知识全面更新换代之后，对"文化大传统"的新发现与再认识。其认知结果，便是所谓"全景中国观"的命题之提出。以往的国学，主要靠文字记载的书本知识去认识我们的中国。相对而言，书本文献里的中国，只能呈现出一种较为片面的认识和较为短浅的历史视野。

　　为什么会是这样呢？

　　中国最早的文字——甲骨文，不是有三千多年的历史吗？

怎么能说依靠文字记录所认识的中国是片面的和目光短浅的呢？

因为汉字所能记录下的中国史，仅有三千多年而已，文学人类学一派将这样的文字书写的历史，视为"文化小传统"的旧国史。按照旧国史的通行说法，是秦始皇建立的秦帝国率先开创大一统的中国，从那时到今日仅有两千多年的历史而已。我们说，这是文化小传统之中的"断代的"更小传统。如今的大传统新知识观有一个空前的提法是："玉文化先统一中国"，其时间要比秦帝国的诞生至少早两千年。

本书希望通过玉文化的发生发展脉络，呈现出一部重新构思的"极简中国史"。它有近万年的时间跨度，能够覆盖当今国土的960万平方公里。除了时空方面的数据以外，还有一组古老的"大数据"，对中国这个东方文明古国的重新认知，具有引领性的意义。

其一，为什么许慎为汉字编撰的第一部字典《说文解字》里会有124个从"玉"旁的汉字？对照一下香港学者饶宗颐的一种说法：整个印欧语系文字的词汇中，就没有和中国人说的"玉"相当的词语。

其二，为什么《山海经》所述天下河山全貌，一共具体记载有 400 座山的物产，其中有玉石出处者多达近 200 处，几乎占据普天之下全景山河数量的一半？

其三，打开中国文学最早的经典《诗经》和《楚辞》，不是"琼瑶"就是"昆仑"、"瑶台"、"玉英"之类语词，简直是充满着玉石的奇光异彩和琳琅之声。这又是为什么？

其四，到了曹雪芹构思《石头记》之际，一开篇的起笔，就写到大荒山下一块石头。再从石头写到人，让男女主人公都以玉为名，还有妙玉、红玉、蒋玉菡……再加上从玉字旁的贾瑞、贾琏、贾珍等一大批编码的名称。这里表现出经典性的中国小说写法套路。至于含玉而生的贾宝玉之降生叙事，表明了男主人公得名的奥秘。

显而易见，在以汉字为标志性媒介的文化小传统中的所有执笔的作者，从汉字的第一部字典书《说文解字》的编著者许慎，到《山海经》的不知名的执笔人，再到《红楼梦》的作者曹雪芹，他们都在暗地里被文化大传统的圣物原型所支配。潜含在玉石这种物质中的精神、信仰和观念，是他们写作和编码的原型与基础，这也是本书最需要突出揭示的方面。

不光是写作者被这一套编码原理默默地支配着，就连权倾天下的华夏最高统治者，也都受到玉文化神圣价值观的关键性支配作用。此中奥秘，只要看看秦始皇选择什么物质材料作为统一国家的权力象征物——传国玉玺，就一下子明白了大半。

在秦王横扫六合的那个年代，金银铜铁等所有贵金属都已经陆续登场，冶炼、铸造、金银加工技术等，都已经具备实用性。但嬴政为什么偏偏放弃所有的其他贵重材料，唯独取用一件玉石，来打造天下权力象征物，其取舍的奥秘或诀窍何在呢？

最高统治者秦始皇，专门授命丞相李斯，在传国玉玺上用小篆字体镌刻出八个汉字。真可谓一语道破天机："受命于天，既寿永昌。"

对这八个字的解释：玉在万物中的特殊性，首先是其特殊的联想空间——玉最能够代表天和神，因此能够代表天命。能够代表天命的东西，一定是享有永恒生命力的。人和人所建立的政权都是有生有死的，天神是不死的。只有获天神的特殊恩赐或恩准，人间的政权和人体的寿命才有可能延长，乃至永生不死。

秦始皇求长生的故事，古往今来尽人皆知。秦始皇为秦帝国求长生的全部希冀，都体现在他私人订制的这一件传国玉玺上了。他万万没有想到，这一枚破天荒的传国玉玺，并不能保佑王朝长命，完全无法兑现"既寿永昌"的愿望。但是，嬴政所开创的国家权力象征符号采用玉玺的这个先例，居然能够历经后世的各个朝代而保持不变，一直延续到1911年清朝覆灭：被革命者赶出紫禁城的末代皇帝溥仪所交出来的国家权力符号，还是传国玉玺！

秦帝国之后，迎来较为长命的汉王朝，其国家命脉的象征物，依然是传国玉玺，更有甚者，还让刘氏家族的所有王者，私人订制地享有最为奇特的追求永生的奢侈品待遇：金缕玉衣。

这种举世罕见的圣物，乃是本书中将要展开解说的文化奇观之首。随后还有相关的玉文化奇观，穿插在各章节之中，全面展现玉文化作为中国文化基因的重要作用，将目前我国大中小学教育中都没有纳入的华夏文明核心内容，重新补充到我们的知识和视野之中。

简言之，本书主旨是用玉文化解说中国之所以为中国。先通过考察玉文化的生发路线，带着读者领略和读懂中国文化的博大与精深，解说国土博大的所以然和历史精深的万年深度新线索，再选择玉文化所构成的中国文化奇观，彰显这个古老文明的独特风貌和独家信仰的文化底蕴。

希望这本《玉石里的中国》能够与时俱进地更新读者的中国观和历史观，对深度阐释我们这个世界上唯一没有中断的古老文明，发挥出自觉引导和有效辅助的作用。

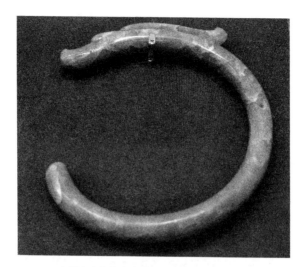

内蒙古出土红山文化玉龙，距今约 5000 年

战国人首龙形出郭玉璧

清代白玉雕济公像，私人藏品

明代青白玉执壶

貳

全景的中国

不了解5000年前至4000年前在中国大地真正发生了什么，就只能照搬文献史学的老教条，沉迷在有关炎黄大战和逐鹿中原的传说迷雾中，难以自拔。更无从知晓那一段漫长的无文字书写的岁月里所发生的一切。

中国史前考古的巨大成就，理应成为我们重建中国观的基石和出发点。这就是文化大传统理论对当今文史哲研究必然更新换代的引领作用所在。

许多民族在古代都有其玉石崇拜和相关的神话，如阿昌族的大石崇拜，彝族的寨心石崇拜，羌族的白石崇拜，藏传佛教的玛尼石信仰，纳西族的四种玉石崇拜，等等。

中国是当今世界上版图最大的国家之一，总面积达到 960 万平方公里。中国又是多民族国家，现有民族的总数是 56 个。

以往的中国历史书写，一般是以汉字书写的古文献为依据的。由于汉字系统产生之初为距今 3300 年的甲骨文，其所能够覆盖的地方是非常局限的，即以河南安阳商代晚期都城为中心的黄河中游一带很小的地域范围。甲骨文之后的金文，其所覆盖的地域也大不了多少，还是以黄河中游地区为主的小范围。北方的东三省，南方的珠江流域，左江、右江流域，金沙江流域和岷山巴蜀地区，西部的青海、西藏和新疆，东部的沿海地区，都是甲骨文金文基本上不能容纳的极远区域。

下面，我先在玉文化考察路线中，择取空间方面的五个实例，具体展现玉文化覆盖的空间广度如何大大超过汉字书写的覆盖程度。

第一个实例是来自世界屋脊西藏，第二个实例则来自最西的边疆省区——新疆。

西藏布达拉宫的玉印

拉萨布达拉宫珍宝馆，能够遥相呼应北京紫禁城的圣物，就是象征统治权力的一系列玺印。其中足以全面证明，历史上元明清三朝加上中华民国总共四个时代里中央政府与西藏地方政权的领属关系的实物见证，全部是一样的神圣符号物——玉印。

第一件玉印，元代，元朝中央册封西藏地方萨迦派的国师之印，13—14世纪。印文为八思巴文。

第二件玉印，"正觉大乘法王之印"，明代，1413年，是永乐皇帝敕封萨迦派领袖昆泽思巴为第一任"大乘法王"之印。

第三件玉印，八世达赖玉印，清代，1783年，是乾隆皇帝敕封八世达赖喇嘛强白嘉措时在北京所赐。

第四件玉印，制作于1934年，是民国政府追封十三世达赖喇嘛的玉印。

第五件：1954年4月10日，毛泽东主席写给十四世达赖喇嘛的书信。信笺和信封上用红字印刷着"中国共产党中央委员会"字样。

以上五件珍贵的历史证物：共有四件玉印，其中三件来自北京，一件来自南京。都是代表中央与地方的关系：册封与受封，统领与下属。从 13 世纪到 20 世纪初，约七百年间的实体联系。一封书信，来自新中国成立以后的首都北京。同样是政府最高领导人表明中央与地方的领属关系。五件文物表明：为什么说西藏是中国领土不可分割的一部分。

看完拉萨布达拉宫里这些珍贵的历史文物，对于西藏为什么自古属于中国的问题，就获得了一目了然的答案，并且能够超越空口无凭的争议，确认其毋庸置疑的可信度。

新疆和田玉传奇

观赏布达拉宫的古代藏宝，读者不禁要问，四件代

玉石里的中国

表不同时期中央政府权力的玉玺，其制作过程无疑是国家首脑特许的，其材料来源又是怎样的呢？答案是，古代华夏国家统治者所用的玉玺，从玉玺制度的初创者秦始皇开始，就采用古人所称的专有材料——"昆山之玉"，即新疆昆仑山和田玉。"昆山之玉"这个名称始于先秦时代，在《战国策》等古书中已有记录。张骞通西域后第二次出使，其使团在新疆于阗（即今和田）南山寻觅黄河之发源地，并将昆仑一带的珍稀实物采样回来，那就是一批和田玉的若干标本。玉石标本带到长安的朝廷，汉武帝本人亲自审验这批和田玉石，并且还亲自去查验古书，重新给出产这一批玉料的于阗南山命名——昆仑。此事见司马迁写的《史记·大宛列传》。

若要进一步追问：为什么玉玺制度下的玉石原材料要采用西域远道而来的和田玉？难道就不能舍远求近，就地取材吗？

答案是：物以稀为贵。自从夏商周三代统治者在中原接受了来自新疆的和田玉材料，其优质的物理特征（硬度、密度、纯度和色泽等）就压倒了天下其他地方的所有玉石材料。史前文化时期大量的地方玉材遂逐渐退出国家统治者的玉器生产实践，这种现象一直延续到清代。

据此推测，中国历史上西玉东输的现象，延续将近四千年。古人还对出产和田玉的新疆南疆山脉加以想象中的神圣化和神话化处理，于是就有了"昆仑玉山"和"昆仑瑶池"一类虚实相间的意境观念。若进一步从神秘宝物向人格化方向转化，则又衍生为掌管天下永生不死秘方的西王母女神形象。正如世界上的永生不死药具有唯一性和不可替代性，西王母形象的物质原型和田玉，也是具有天下唯一性和不可替代性的珍稀材料。玉石材料何以能够代表永生不死？毫无疑问，这是在新石器时代形成的玉石神话信仰作用的结果。

笔者曾将这种神话化过程归纳为三位一体的教义：

玉代表天。

玉代表神。

玉代表永生不死。

玉石神话信仰的这三大教义，成为东亚地区驱动玉礼器生产和玉文化传播的最有力的观念动力要素。一旦产自遥远西域的和田玉进入中原统治者的视野，天下产玉之地的观念便开始从多元向一元逐渐聚焦，最后定格在新疆和田一地（古代称"于阗"）。扩而广之，则大约包括从且末、若羌一带，直到喀喇昆仑山的我国最西部边疆的山脉地区。整个塔克拉玛干大沙漠南缘的南疆地区，也就成为滋生各种美玉的奇思异想的现实土壤。从遥远的新疆边陲运送到中原权力中枢的所有宝物中，玉石总是排在第一重要位置，而且这种情况几千年来一直无可替代。

现代著名地质学家章鸿钊写《石雅》一书时，就举出新疆多种颜色美玉的出处之例：

墨玉殆即古玄玉，《吕氏春秋》云"冬服玄玉"；《淮南子·道应训》云"玄玉百工"，注三玉为一工.是古实有之。今市上见者，片块薄材，每黑白相映带，盖玉而杂他质者。《天王开物》谓于阗无乌玉河；《西域水道记》谓乌玉河即皂洼勒，今未闻出玉，似不可信。盖乌玉河即哈喇哈什河，哈喇译言黑，姚元之亦云然，《西域记》已言于阗产黟玉，则传者尤远矣。《太平御览》西蜀出黑玉，《蜀典》谓即珙县石；《夷门广牍》亦云黑玉西蜀有之，价低.《滇海虞衡志》云软玉出丽江摸拔山，又出墨玉，作念珠，且充贡，此皆言出西南者，亦或别为一种。近时海纳塞氏《古代中国玉记》（Una PapeHennessy, Early Chinese Jades, P. 6.）云河出昆仑者有乌玉河，或曰哈喇哈什（Karakash），白玉河或曰玉陇哈什（Yurungkash），其间为绿玉河（Sir Aurel），意即阳琪达利（Yangi Darya），为乌玉河之大支脉，惟雨季乃始有水（见《古于阗记》Ancient Khotan, p. 132）。据此，似于阗自有乌玉河也.今市上一玉商曾至新疆者，谓白玉产和阗、于阗两县，碧玉产玛纳斯，墨玉亦来自和阗云。（章鸿钊《石雅》，天津：百花文艺出版社 2010 年，第 104 页）

既然现实中的昆仑山一带出产绝代美玉，在文学想象中的西域，也就跟着踵事增华，显得奇幻而资源丰富。笔者在 2005 年至 2010 年间于兰州大学兼职任教，在初步田野考察基础上撰写《河西走廊——西部神话与华夏源流》一书，有对昆仑神话的切身体认，兹引述如下：

> 《山海经·西山经》："又西三百五十里，曰玉山，是西王母所居也。"郭璞注："此山多玉石，因以名云。《穆天子传》谓之群玉之山。"对神话题材情有独钟的李商隐写过一首《玉山》诗："玉山高与阆风齐，玉水清流不贮泥。"似乎玉山的水流由液体状态的玉构成。清代戏剧作家洪昇写到《长生殿·偷曲》时，也描绘到玉山的想象景观：
>
> "珠辉翠映，凤翥鸾停，玉山蓬顶，上元挥袂引双成，上元挥袂引双成，萼绿回肩招许琼。"徐朔方注："玉山，西王母住的仙山。"
>
> 又由于昆仑山长年积雪，"玉山"作为修辞用语，也可以用来虚指此喻雪山。苏辙《放闸》诗："渊停

初镜净，势转忽云崩。脱脱尚容与，投深益沸腾。玉山纷破碎，阵马急侵陵。"传说中昆仑山的生长着一种大木禾，名叫"玉山禾"。诗人们可用此典故来影射西王母的存在。如鲍照《代空城雀》诗云："诚不及青鸟，远食玉山禾。"李白《天马歌》云："虽有玉山禾，不能疗苦饥。"二位诗人所用的典故都出自玉山禾的神话。相传西王母的居处既有玉山，还有瑶台。如李白《寓言》诗之二："往还瑶台里，鸣舞玉山岑。"王琦注："瑶台，玉山，皆西王母之居。"

《尚书·禹贡》："厥贡惟金三品，瑶、琨……"孔安国传："瑶、琨皆美玉。"以上所见古汉语之中一大批从王旁的字——瑶、珉、琨等，其实都是从玉旁，是古人对不同种类和颜色的美玉的专有名称。经过文人墨客不断地再造，神话和仙话中西方的昆仑山和西王母，就是如此这般和神秘的美玉环境联想到了一起。如刘禹锡诗云："油幕似昆丘，粲然叠瑶琼。"（叶舒宪《河西走廊——西部神话与华夏源流》，云南教育出版社，2008年，第18页。）

至于现实中的昆仑山和田玉所引发的美玉资源想象，如何集中表现在"瑶"这个专有名词上，《河西走廊》一书是这样陈述的：

昆仑与"瑶"的联系表现在诸多关于美玉的典故中。如要追溯"琼瑶"、"瑶琼"、"瑶环"的来源，就可看出这一点。《诗经·卫风·木瓜》的名句就有"投我以木桃，报之以琼瑶。"汉代秦嘉《留郡赠妇诗》之三也说："诗人感木瓜，乃欲答瑶琼。"那么古人珍视的瑶琼类美玉究竟出产在什么地方呢？葛洪《抱朴子·君道》："灵禽贡于彤庭，瑶环献自西极。"清唐孙华《观宴高丽使臣》诗："早闻西国贡瑶环，又见南蛮献铜鼓。"这些说法均将瑶的原产地确认在西极或者西国。看来是自古以来西域的方国向中原王朝进贡的贡品吧。因为内地不出产，所以更显得稀罕和珍贵。据王嘉《拾遗记·周》记述：

"〔成王〕四年，旃涂国献凤雏，载以瑶华之车，饰以五色之玉，驾以赤象，至于京师。"好一个奇妙无比的朝贡景象。难怪有以"瑶"、"玉"为原型的大批语词反过来又强化了内地文人对西方神山昆仑的特色想象。（同前书，第18—19页。）

后来笔者在参与中国社会科学院重大项目"中华文明探源的神话学研究"期间，提出华夏文明特有的资源依赖现象，即对新疆出产和田玉的神圣化所驱动的物质需求和依赖。正是这种中原国家统治者持久性的资源依赖，促成西玉东输4000年延续不衰的历史。

当代玉学专家杨伯达先生在所著《巫玉之光》一书中，收录专文《论和田玉在中国玉文化史上重要历史地位》，从几个方面论述了和田玉独尊的历史和现状：

其一，根据当代地质矿物学工作者的检测报告，确认和田玉在物理特征方面的优越性——"和田玉为中国玉的精英也是惟一的真玉"。

其二，和田玉为古代中国统治者心目中真玉。帝王和王公贵族对它既崇拜又向往，要不遗余力地去获取它。因此使得和田玉成为各地玉石种类之中惟一的"帝王玉"。

其三，儒家的玉德观念（玉有五德、七德、九德、十一德说）是和田玉广泛普及经久不衰的精神支柱。尤其是孔子的"君子比德于玉"说，使得和田玉发生了从帝王玉向君子玉的历史过渡，借助于官方规定的国家政府官员佩玉制度，成为上层社会共同追捧的对象。

其四，和田玉工艺鬼斧神工精美绝伦。

其五，和田玉玉器艺术出神入化令人叹为观止。

至于古代统治者为何对和田玉情有独钟的问题，杨伯达先生是这样解释的：我国历史上在用玉制度方面早已体现出真玉、非真玉的界定，不仅十分明确而且已有定论。中国是爱玉之国、崇玉之邦，玉石来源有一百余处，所产玉石品种较多，帝王和王公不断筛选品评。在他们眼中，玉不仅有优劣之分，还有真假之别，从文献中也可以找到只鳞片爪的记载。如《周礼·考工记》的"天子用全（玉）"说。又如唐玄宗天宝十载（751年）

诏书所表现的，唐玄宗重申国家等级的礼神和祭祖礼仪，都必须采用真玉，即和田玉。其他方面的较低等级的祭祀，则可以用珉，即非真玉，亦即"美石次玉"者。该诏书原文是这样写的：

> 礼神以玉取其精洁温润，今有司并用珉。自今礼神之器、宗庙奠玉并用真玉，诸祀用珉。如玉难得大者宁小其制度以取其真。（杨伯达《巫玉之光》，上海古籍出版社，2005年，第185页。）

华夏国家历代王朝的最高统治者都知道真玉"难得"，但还是要强调国家礼仪用玉的"取其真"，即使制作玉礼器时所采用的和田玉玉料很小，也要保真。这充分体现国家级的祭祀者对祭祀对象（神祇和祖灵）的一片虔诚之心。从这个意义上看，唐宋元明清的最高统治者用玉，无疑都主要是来自4000公里以外的新疆和田玉。这当然也包括布达拉宫珍宝馆里陈列的历代统治者玉印。

东海之滨玉璇玑

青岛博物馆收藏有胶东半岛上年代最早的玉礼器之一，大汶口文化玉璇玑一件。这是一件距今大约 5000 年的珍稀文物，也是该类型的玉礼器最早在世界上出现的重要标本之一。杨伯达先生认为那个时代新疆和田玉已经输送到中原。笔者经过十多次的玉石之路田野考察后，不敢苟同杨先生的观点，并提出有关西玉东输的多米诺展开过程的观点，新疆玉料资源输入中原不会早于齐家文化的时代，即不早于距今大约 4200 年的时候。

2014 年山东省博物馆曾联合良渚博物院等举办"玉润东方：大汶口—龙山·良渚玉器文化展"，该展览展出了大汶口文化玉璇玑和龙山文化玉璇玑共十余件。它们默默无言地见证着，这一类神秘莫测的史前玉礼器，是怎样用了大约 1000 年的时间，率先在山东地区发展繁荣起来的。换言之，在华夏第一王朝夏朝问世的前夜，这样一种代表天人合一的玉礼器在胶东半岛和辽东半岛一带已经发展近千年了。

玉璇玑这个名称，又写作"玉璿玑"，其典故出自《尚书·舜典》的"在璇玑玉衡以齐七政"这句话。西汉学者以为这是指夜空中观测到的星相，应与北斗七星有关。东汉时代的解经家马融、郑玄等注释"璇玑玉衡"，以为是类似浑天仪的天文观测仪器。东汉以后多因袭其说。我们看玉璇玑的外形，就好像圆圆的玉璧外边添加上若干伸出的牙齿，所以有考古专家建议改称玉牙璧，有三牙者称为三牙璧，有四牙或五牙者，则依次称为四牙璧或五牙璧。也有外国专家认为不应轻易判定凸起部分为牙，而建议改称"三叶饼形物"。可惜的是，语言名称的使用一般都是约定俗成的，这两种建议都不很奏效。还有一类玉璇玑，在圆形玉器凸出的牙齿形状上面，更加精细地琢磨出一些钼牙类装饰。或可称为"牙上之牙"。

目前能够看到的出土的玉璇玑，年代最早的都只在辽东半岛和胶东半岛，以距今5000年以上的大汶口文化玉璇玑为起始点，至距今4000年前后的龙山文化时代，则普及到整个黄河中游地区，以山西襄汾的陶寺文化和陕西神木的石峁遗址出土玉璇玑为代表。后来，玉璇玑又被商周两代的国家玉礼器系统所继承，但是发展到周代以后就消失不见了。就此而言，玉璇玑生产和使用之传统，是一个发端于史前，延续两千多年后被中断的传统，堪称失落在历史早期之中的华夏文化特有礼制传统。这种带有凸出的牙状玉璧究竟是承载着怎样的神话信仰之教义，在有文字记载的历史年代里，已经几乎完全失传了。目前看，还需要更丰富的出土材料和长期而持续的深入研究，才多少会有可能恢复其原貌。在这方面，国际学者投入的时间和精力显然不亚于国内的专家。如日本的林巳奈夫教授，已经出版中国古玉研究专著多部，其《中国古玉研究》一书第五章题为"中国古玉的钼牙"，专门讨论上文所提到的史前玉礼器"牙上之牙"的蕴意。他特别提示需要从宗教信仰角度去理解古玉上的钼牙一类造型的初衷。笔者认为这个意见非常值得我们的研究者借鉴参考：

作为装饰，一向都不太受重视。也不是能引起研究者关心的。

由这样的钼牙之存在，而知其为祭祀用物的玉器，在二里头文化中出现不少。……然基于赋予神性之力在那些玉器上，故使之成为祭祀用器，进而又具有和祭祀神权有关联的政治功能；在此演变过程中，作为关键的钼牙，在稍早的龙山晚期即有之，至后代一直承续其形制，这是值得注意的。（林巳奈夫《中国古玉研究》，杨美莉译，台北：艺术图书公司，1998年，第232页；第280页。）

林巳奈夫教授的看法，吻合文学人类学一派所一再强调的观点：文化小传统中的重要原型要素，一定是来自史前大传统的。如果不从大传统即史前文化入手，根本无法掌握其源流脉络。可以肯定地说，能够算得上是文化基因的东西，只能孕育在文明国家到来之前的大传统中。

青岛博物馆所陈列的大汶口文化出土玉器，足以表明中国史前玉文化在欧亚大陆最东端一带所贡献出的这种特殊器形，及其向西传播进入中原，一直影响到夏商周礼制的情况。陕西榆林上郡博物馆收藏收藏有一件石峁玉器——呈现为立体形状的玉璇玑，予人留下极深的印象：如果说一般常见的史前玉璇玑都是平面的玉璧型，这件特殊的石峁遗址玉璇玑就是立体型，与此类似的玉璧称为有领玉璧，不过都是玉璧的一个平面上有"领"（或称"凸唇"），如同衣领。而此件玉璇玑却是双面都有"领"，而且都是高领，其制作难度可想而知，需要将一大块厚厚的玉料，按照领的高度，将领的周围统统磨去。史前的石峁古人为什么要花费如此大的精力去生产这样特殊形制的玉器呢？至少有一点是可以肯定的，玉璇玑是从中国北方的最东端地区，沿着黄河向西传播，进入黄河中游一带的。目前在甘肃宁夏和青海以西的地方还没有发现玉璇玑，距今4000年的、正式发掘出土的齐家文化玉器中也尚未看到玉璇玑。是什么因素导致玉璇玑的传播？又是什么人在传播这种神秘玉礼器？这两个问题现在还是无解的。通过玉璇玑的分布案例，能够理解的是玉文化发展史上的一个史前传播的时代，即"东玉西传"。

澳门的玉石作坊

2006年11月至12月，以香港中文大学邓聪教授为领队的考古队在澳门路环岛黑沙发掘出一个4000多年前的玉石作坊，从而大大改写了澳门这座海滨城市的历史。

本次考古发掘，在大部分的发掘探方内，几乎都发现有石英或水晶石片，据研究显示，该时期石英、水晶一般只用作环玦制作，这次发掘的G3探方内出土大量大小仅数毫米的石英、水晶石片，显示出打制石英、水晶的工作活动，可能是在该地点附近进行。在房址周围，既发现可能是采自河床中的石英原砾石原料，也有大型石英、水晶小石片，最长的超过10厘米以上。其次以打制技术形成素材，以琢制及磨制而成石英、水晶毛坯等；加工工具方面以石锤及砾石较常见。

发掘成果编成《澳门黑沙玉石作坊》一书，书中序言写道：

> 每个人都希望认识自己的过去。不幸的是，大多数人对自己周围的历史，茫无所知。现今的澳门市民当然知道"澳门历史城区"于 2005 年列入《世界遗产名录》。过去四百多年间，澳门是中西文化发展交汇碰撞的桥头堡。然而，澳门这个地区，就只有短短的四百多年历史吗？澳门是否有更悠久的历史呢？换言之，在这里的人类历史，可以追溯到什么时代呢？（邓聪：《澳门黑沙玉石作坊》序二，澳门行政总署文化康体部，2013 年，第 23 页。）

专家执笔的考古报告的最后，建议澳门政府修建一座别具特色的黑沙遗址博物馆，可直接观察到两个生活面（4000 年前以及 6000—7000 年前）的遗迹现象，从而丰富澳门的文化产业和旅游的资源。相关的一段措辞是这样的：

而玉器乃中国传统文化中至高无上的物质，玉石饰物作坊博物馆将吸引大量国内外游客参观（迄今中国内地也没有类似的博物馆）。黑沙遗址博物馆如能建设成功，估计今后在中国全国会备受瞩目，为澳门历史传统文化增添异彩。

　　黑沙遗址不只是澳门的文化遗产，而是属于整个环珠江口的，是属于整个中国的，甚至是属于世界的，人类的。因此，千万不要把黑沙遗址的重大文化意义，只定位于澳门。（同前书，第337页。）

　　笔者2011年曾给有关方面写过建议书，希望能够在上海这座中国最大的都市建立一座"中国玉石之路博物馆"，将数千年西玉东输数千公里的玉料和玉器标本集中展示。早在距今5000年的良渚文化时期，长三角已经被玉文化先统一为一个地方文化整体了。其所覆盖的范围也大致吻合今日的长三角概念——三省一市。只不过那时候还没有区分省市的行政区划，5000年前的一体化格局在历史地图上的呈现，更加凸显的是一个环太湖文化区。那时的海岸线就在今日的青浦到松江一线，主要的良渚文化遗址有杭州西部的三座小山（反山、瑶山和汇观山）和上海西南的五座小山（青浦区的福泉山、金山区的金山、昆山的赵陵山、吴县的张陵山和草鞋山）。这八座山出土的良渚文化玉器，足以代表全中国乃至全世界在距今4500年至5000年期间最高艺术等级和最多数量的玉礼器生产情况。若能将这一批举世罕见的珍品玉礼器汇聚一堂，在新揭幕的中国玉石之路博物馆举办一个特展，一定会引起巨大的轰动效应和研究热潮的到来。将那种认为上海起源于二百年前西洋文化殖民背景下的小渔村的陈旧文化观念，彻底抛到太平洋里。

乌苏里江畔的玉器

自2017年以来，考古工作者在黑龙江小南山遗址考古发掘现场发掘出土数百件玉器、陶器和石器等新石器时代早期文物，这为研究我国东部边境的历史文化提供了珍贵实物资料。据介绍，目前出土文物包括 30 多件玉璧、玉珠、玉环等玉器；400 多件石器标本；根据考古学研究和测年数据专家判断，出土文物处于新石器时代早期，距今 9000 年左右。

对于一般民众而言，这样一个十分专业性的消息，不会引起太多的关注。但是对于研究玉文化的学者而言，这个消息却有着非凡的意义，它一下子将中国玉文化史提前了 1000 年。原本认为具有 8000 年历史的赤峰地区兴隆洼文化玉器是中国玉文化的开端，现在新考古发现所带来的升级版的换代新观念出现了：具有 9000 年历史的黑龙江省最北部乌苏里江畔的小南山出土玉器，必然刷新和改写玉文化史的开篇。

这里展现的玉器，小部分是工具，如玉斧，大部分是装饰品或礼器。其中的匕形玉佩和觿形玉佩，都在发展若干年月之后中断了，没有流传至后世。唯有玉璧一项，成为传承不衰的玉礼器，直到今日。小南山玉璧的出土，改写了玉璧在整个东亚洲的发生史，将其起源从距今七千年的浙江，刷新为距今 9000 年的黑龙江。原来最早的玉璧就是白玉璧，其取材可以推测为贝加尔湖产的白玉。这一驱动东亚玉文化发展的最初取材，在经历了八千多年的尘封之后，作为质地和呈色都最接近新疆和田玉的玉种，以替代者的身份再度风靡中国玉雕生产市场。可谓是九千年等一回的历史大轮回。

本章的五个案例，若是完全从地理上联系起来看，几乎环绕着整个中国的国境线，覆盖着全部的960万平方公里的国土大地：北起黑龙江的中俄边境，南至广东珠江口。西起世界屋脊青藏高原和帕米尔高原，东至渤海、黄海和东海之滨。古代玉器能够书写出的文化史脉络，如何既能大大地先于汉字书写的出现，又能大大地广于汉字早期书写的覆盖范围，于此可见一斑。

至此，什么叫做"全景的中国"，读者自己或许已经能够有所体认和判断了。

明永乐帝敕封萨迦派领袖昆泽思巴为第一任"大乘法王"玉印

民国政府追封十三世达赖喇嘛玉印

玉石里的中国

和田玉籽料

青岛出土大汶口文化玉璇玑

青岛博物馆藏龙山文化玉璇玑

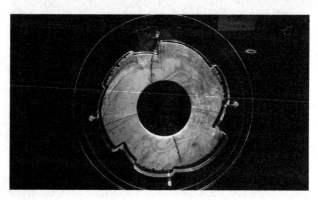

山东滕州出土龙山文化玉璇玑

玉石里的中国

石峁采集的有领玉璇玑

叁

万年的中国

说万年的中国或万岁的中国，一定有人以为是不合逻辑的：从夏代开始计算，中华文明，也仅有 4000 年出头而已。5000 年以上尚无国家，哪里会有万年的"中国"呢？我们说，这样的逻辑质疑看似合理，其实也是深陷在文献史学的旧观点之窠臼中不能自觉的表现。如果要让新知识与时俱进，就必须走出文献史学的牢笼，利用考古发现的新知识，重建华夏文明发生的大传统视野，这样就有了理解和审视万年中国的可能。

考古新知：中国"大历史"有多大？

中国人对"万岁"这个词，自古就习惯了。那是称颂帝王统治者的美词。不过前人所惯用的"万岁"这个词，仅仅是用于美好祝愿的一种祝词而已，不能拘泥于其所表示的时间长度的真实性。如今能够落实其文物年代的史前玉器大量重见天日，九千年是实数，也快接近万岁。这就使得今人谈论万岁的中国，有了实打实的依据，不再是空口无凭的祝词和美辞了。

要继续追问黑龙江出土的9000年前玉礼器组合的由来，玉学专家们一定会将考察的视野继续向北亚地区聚焦。俄罗斯贝加尔湖地区和西伯利亚地区，都出土有万年以上的玉器，这就表明玉文化的传统是自北向南依次传播开来的。探究汉字所没有记录的东亚洲史前文化动向，需要首先明确北玉南传现象，那是名符其实的第一次玉文化跨地域的传播运动。经过旷日持久的多米诺过程，最终将玉文化的火种播撒到广东的珠江流域和广西的右江流域。这是一个长达数千年的漫长历史过程。

从农耕革命的视角看，中国大历史呈现出北方较短而南方较长的不均衡局面，这主要是以农业立国的华夏文明，其本土驯化的两种主要的农作物有一个时间差：即北方黄土地上所驯化的小米（粟稷）仅有8000年历史，目前尚未找到9000年以上的人工栽培小米的证据；南方水乡所驯化的大米（稻子）则有一万多年的历史，在湖南、江西和浙江等地，都发现了距今11000年左右的早期新石器时代遗址及驯化的稻谷。21世纪在浙江浦江县发现的上山文化遗址及人工驯化稻谷遗迹，就给审视长三角地区文化上万年的地方传统带来前所未有的深度见识。管仲说"仓廪实则知礼节"。虽然目前所知玉礼器最早出现的地点是在北方和东北地区，但是在北方农耕文化不够发达的情况下，社会生活的物质条件不足以支持作为奢侈品的玉礼文化的大繁荣和大发展，只是在西辽河地区的兴隆洼文化和红山文化时期昙花一现，一直未能发展繁荣，反而是在辗转传播到南方鱼米之乡后，在长三角的稻作农业发达地区率先获得突飞猛进的大繁荣局面，成就了举世罕见的良渚文化"玉礼王国"极致景观。若没有万年的稻作农业文化的大视野，对于良渚文化的社会统治者们为何如此这般地痴迷于切磋琢磨大量玉器的现象，无论如何都是难以理解透彻的。

简言之，是万年之久的稻作农业的繁荣，间接促成五千年之久的史前玉文化大繁荣。无论是以上所述的万年农业革命成果，还是五千年玉礼文化大繁荣景观，都是大大超出我们的汉字记录的文献史学传统观念，大大出乎传统知识人意料之外的。

把年代上大大早于汉字的玉礼器作为一种精神的和物质的符号，今日的学人能够从中解读的文化史传统，长达万年。这比传统文献所说的华夏五千年，足足多出一倍。当代玉文化研究所提供出的全新知识，是今日的学者们能够赖以重新进入华夏历史源头空缺已久的深处，提出文化大传统理论的学术依据和保障。

下文将举出万年大视野内四个近年来考古发现的遗址案例，皆以玉文化的大传统呈现为目的，昭示在文明国家出现以前很久，华夏文化重要渊源的一些流变情况。

其中两个遗址的发掘是在 20 世纪后期完成的；另两个遗址案例，则是在 21 世纪以来才有的发现和认识。第一个要叙述的考古发现是在长三角地区的腹地嘉兴市，南河浜遗址所发掘的崧泽文化；其次是在安徽南部的含山县发现的凌家滩遗址；其三是在杭州湾一带的良渚文化遗址群。这三个重要的史前文化遗址合起来，恰好对应今日所称的长三角地区。在这里，玉文化在距今 7000 多年时发源（玉玦玉璜），在距今 6000 年至 5000 年之际繁荣发展（璧琮璜钺组合），登峰造极，至距今 4200 年之际衰败消亡。辉煌一时的史前期长三角玉礼器传统，在良渚文化灭亡之后，究竟去了哪里？第四个遗址能够给出部分的解答线索：长三角史前玉文化的衰落，并不意味着玉文化生命传承的灭绝，而意味着一场以往我们根本无从知晓的文化大转移。其基本方向是，从长江下游向西转移，到达长江中游地区江汉平原一带，催生石家河文化的玉礼器生产体系；从长江流域向北越过淮河流域抵达黄河流域，再从黄河下游地区传播到黄河中游地区，催生龙山文化的玉礼器体系，从而给中原文明的夏商周三代玉礼奠定基石。所有这些历史内容和历史过程，都是晚出的汉字根本不可能记录的。我们只有依靠考古报告的内容去逐一认识。

浙江嘉兴南河浜遗址

南河浜遗址位于浙江省嘉兴市东 11 公里处，1996 年因修建沪杭高速公路而发现，当年 4 月至 11 月展开考古发掘工作，共发掘崧泽文化墓葬 92 座，良渚文化墓葬 4 座，出土大量石器陶器玉器骨器等文物。这些发现，给距今 5000 年、繁荣一时的玉文化地方"王国"——良渚文化，找到最直接的源头。据测定，崧泽文化的起止年代是距今约 6000 年至距今 5100 年，持续时间为 900 年。可以说，崧泽文化是江南玉文化发展过程中的承前启后者，没有崧泽文化玉器传统做铺垫，就不会有随后崛起的良渚文化。还需强调的是，在崧泽文化之后 3000 年，甲骨文才告出现。

按照墓葬规模和随葬品数量，92座崧泽文化墓葬被划分为四个等级，第四等级是没有随葬品的墓，而玉器的出现，则基本上集中在第一等级墓葬之中，其年代距今约5500年左右。下面就举例两个墓葬的情况加以说明。

其一为M15，长方形竖穴土坑墓，人骨已经朽坏，随葬品6件，玉玦1件，鹰头陶壶1件，陶鼎2件，陶杯陶豆各1件。玉玦以单个的形式出土，说明不是双耳用的一对玉玦。鹰形陶器的出现，在南河浜共发现3件，考古报告推测或许为部落的图腾圣物。与此对应的是北方红山文化牛河梁女神庙出土的泥塑鹰爪，其年代大致相当或稍晚；还有中原仰韶文化的陕西华县太平庄出土的国宝级陶器——陶鸮鼎（一说陶鹰鼎），现存北京国家博物馆。还有陶鸮面等，现存北京大学塞克勒考古与艺术博物馆。欧亚大陆西端地中海沿岸地区有大量出土的鹰鸮类型陶器和文物，美国考古学家金芭塔丝提出女神文明的象征动物理论，可为参考。南河浜M15玉玦与鹰形陶壶的并出，使得这座墓葬有了不一般的意义：佩戴玉质耳玦的现象，在《山海经》里称为"珥蛇"。而龙蛇在史前信仰中代表升天与通神能量。鹰的形象一旦出现，即可给人带来展翅高飞和上方天宇的丰富联想。几百年后良渚大墓玉琮王上神徽形象以头戴巨型鹰羽冠为突出特色，其鸟人合体的神话化观念可以部分上溯到崧泽文化的猛禽崇拜现象。可知在崧泽文化时期，是长三角地区宗教意识形态与玉文化载体获得同时孕育的时期。鸟崇拜与玉崇拜都要等到社会物质财富发达程度大大提高的良渚时代，才会迎来一次大爆发式的神话和信仰的奇观景象。

其二为 M27，也是长方形竖穴土坑墓，人骨已经朽坏，随葬品 23 件，是崧泽墓葬随葬品较多的代表。其中玉饰 5 件，陶器共有 18 件：盆 2 件，壶 1 件，鼎 2 件，杯 8 件，豆 2 件，纺轮 1 件，还有陶龟 2 件。这两件陶龟造型逼真，奇特的是每个陶龟都塑造为六足的形象。这在现实中是没有原型的。崧泽先民为什么要这样表现呢？古书里，仅有《山海经》中讲述帝江的形象，是以"六足四翼"为外形特点。这显然是神幻想象的产物，自古以来没有人知道《山海经》描述的六足神话生物是什么样子的，如今居然能够在约 6000 年前的崧泽文化中找到半个原型——六足之龟。这个发现让我们对古人最不相信的《山海经》（被权威的"四库全书"归入最不重要的子部小说家一类），不得不刮目相看。对该书中一些自古无解的怪异和神幻内容，也获得从史前大传统再认识的新契机。

先看考古报告对这一对雌雄双龟的陈述："乌龟作为长寿的灵物，在新石器时代的许多文化中都有被崇信的现象，雕刻乌龟的形象，即是信仰的一种。以龟甲作为材质进行占卜，架起人神之间沟通的桥梁，应该是对乌龟的神性的利用和延展。"考古报告据此将二件陶龟确认为"非同一般的神龟"。

这里根据考古报告对两只陶龟的描述，展开进一步的信仰观念分析。先民对这两个神物形象到塑造，显然是包含着某种神话宇宙观念的：一只龟稍大，呈长方形，刻画出尾部凸起，龟背上塑造出 11 个乳钉状：其中 9 个围成一圈，中间有 2 个；一只龟稍小，呈椭圆形，没有尾部，龟背上塑造出9个乳钉状：其中8个围成一圈，中间有1个。出土时，两只龟一上一下扣合在一起：长方形的大龟在下，仰身；圆形的小龟在上，俯身。若按照天圆地方的神话宇宙观，则在上的小龟象征：天—阳—乾—玄—圆规，在下的大龟象征：地—阴—坤—黄—方矩。二龟合起来是天地未分的混沌状态，二龟分开，则象征宇宙开辟和乾坤始奠。

北方红山文化墓葬出土过玉雕的双龟，那是把握在一位墓葬主人双手中的；南方凌家滩墓葬则出土过更加精致的二合一表现的玉龟，让上下两个龟壳夹持一件刻有八角星纹的玉版，其神话宇宙论的意蕴表达得更加明确。

1987年6月，安徽省考古工作者在含山县凌家滩遗址发掘出两件轰动一时的文物，即玉龟和玉版（称为"含山玉版玉龟"），其墓葬年代距今5300年，略晚于南河浜的崧泽文化。这就给其间的源流关系带来探索的空间。三十年来，学界对"含山玉版玉龟"倾注了极大的解读热情，一般认为玉版的八方图形与中心象征太阳的图形相配，玉版上八等分圆的作法可能与冬、夏二至日出、日落方位及四时八节有关，并且符合我国古代的原始八卦理论。由此推断，这一组玉龟玉版形成的礼器组合，可能是迄今所知的中国最古老的通神占卜器。还有专家指出，玉龟分背甲和腹甲两部分，上面钻有数个左右对应的圆孔，应是为拴绳固定之用。出土时，玉片夹在玉龟腹、背甲之间，玉片长 11 厘米，宽 8.2 厘米，上面刻有八角星纹。这是否表明，叠放在一起的玉龟和玉版，根本不是为日常生活所用的实用器，也并非毫无意义的装饰物，而只能是代表某种不知名的史前宗教的法器。饶宗颐先生的看法是，玉版图纹结构是外方而内圆，很像玉琮的形状，方指地而圆指天。这种几何学观念笼括天地作为远古人们的宇宙观，在未有文字之前早已形成。还值得关注的是，玉版周边的钻孔，代表着某种已经失传的数度。

如果结合崧泽文化的这一对雌雄陶龟造型来看，它们恰好可以充当凌家滩出土玉龟的原型。换言之，长三角地区的史前文化经过数千年积淀，孕育出华夏文明的阴阳八卦理论雏形，不足为奇。要说"中国最古老的通神占卜器"，如今显然不是5000多年前长江下游北岸的凌家滩，而要上溯到距今6000年前太湖以南的嘉兴地区。大传统新知识，足以给那种沉陷在文献史学窠臼中的传统历史和文化观念，带来一种颠覆和拓展的意义。

南河浜M27墓还出土有一件玉璜，也较为奇特，出土时发现是含在墓主人口中的。其他崧泽墓葬出土玉璜，一般是作为女性佩饰，位于墓主人（通常为女性）颈项之下的胸前。而玉钺则摆放在男性墓主人身下、身旁或身体中央部位，璜与钺二者的性别象征性意义非常突出。M27则是将其他四件玉饰串起来挂在墓主胸前，唯有一件规则型的玉璜，却用心地专门放入死者口中。发掘者推测这玉璜是墓主人生前随身佩戴的器物，死后被有意安放在她口中，并非专门作为冥器而生产的玉璜。在后世的商周两代及其以下，常见的放进口中的玉器是玉蝉，这形成一种相对持久的葬俗，一般称为玉琀或口琀。蝉是季节性出现的生物，其活动特征是既能够升天（有蝉翼助飞），又能够入地。这种自由出入三界的穿越性能

玉石里的中国

力，自然为那些被牢牢限制在地面上生存的人类所艳羡，甚至被视为生命周期循环以至于永生不死的象征物。死者口含玉蝉的礼俗，显然是希望借助于玉与蝉的双重能量（精），为死者祈祷生命的再生。没想到崧泽文化的这件玉璜，一下子将玉琀的历史提前到五六千年之前。

安徽含山凌家滩遗址

接下来要考察的另一个考古发现的玉殓葬奇观，即是 2007 年发掘的安徽含山凌家滩墓地的一座顶级大墓，考古编号为 07M23。

这座墓葬的最大特色是，创下了距今 5000 年以上的单一史前墓葬出土玉礼器总数量的世界之最，达到 300 多件！而且墓葬的玉器安排布局也表现出中国式神话宇宙观的对应现象，即天圆地方，对应头圆体方：墓主人头部的玉礼器全部为圆环状的，以玉环和玉瑗为主；身体下方的玉礼器则全部为长方形的玉石钺和玉石锛等，数量多达一百余件。5300年前长江下游一位地方的统治者能够享有如此奢华的葬礼待遇，说明以玉为核心信仰的社会礼俗已经发展到登峰造极的地步。这是夏商周的历代君王们连做梦也不曾想到的吧。除了后来在浙江余杭良渚遗址群的几座"王者"大墓以外，凌家滩07M23墓在5000多年前的同时代所有被发现的东亚墓葬中，堪称无与伦比。根据这些21世纪的考古新发现，我们可以将"玉文化先统一中国"理论，更进一步细化为："玉文化先统一长三角，随后再统一中国。"即从分步骤分阶段的时间视角，具体说明玉文化统一中国的发展历程。

古人在阅读司马迁《史记》讲述的周武王伐纣这一重大事件时，或许会困惑不解或将信将疑吧：西周统治者的一次改朝换代革命，就能缴获前朝统治者积聚数百年的宝玉数十万件吗？为什么司马迁特意要写殷纣王自焚时的细节：取出宫廷所藏各种宝玉缠绕在自己身体上，然后再点燃自焚之火？尽管执笔者司马迁没有对这个纣王用玉的细节做任何解释，我们对照5300年前的地方统治者的玉殓葬，还是能够清楚判断殷纣王宝玉缠身的玉石神话信仰意义：那是利用天赐神物获得灵魂升天的能量。

这个案例充分表明，大传统的新知识，对于解读小传统文献的深度透视和解码作用。由此可知，中国文化的重要基因，一定是来自四五千年以上的文化大传统之中，也一定与神话观念和史前信仰传统密切相关。这是古人的眼界所无法企及的全新的考古学成果。正是万年中国史的大传统视角，帮助我们读懂了古代读书人无法看懂的小传统史书的叙事之谜。商纣王借助商王朝国家宝玉的精神作用，祈求死后魂归天国的意愿，现在终于可以理解了。虽然说败军之将不足言勇，亡国之君不可言善，但是史书叙事留下的文化悬念则需要有人去填补，或迟或早终究要有所解答：从夏桀的瑶台玉门，到商纣的宝玉缠身自焚。为什么华夏第一王朝和第二王朝的亡国之君，不约而同地留下玉的叙事？

这样的问题一旦提出，也就相当于给本书重新点题。同样道理，明代的忘国之君——明崇祯皇帝为什么在国破家亡之际从紫禁城跑到北面的景山树林上吊自尽？其中的文化底蕴，只有当年设计建造紫禁城的江西客家风水师廖君卿团队最清楚：景山是先于紫禁城修造的，用人工封土的方式垒起一座小山，命名为万岁山，其目的就是让四千公里以外的中国万山之祖昆仑山，在遥远的东方皇城这里再探出头来，构成神话宇宙观方面的完整山河龙脉，也暗喻着紫气东来的瑞兆。如果大家记得昆仑山在《山海经》里被称为"玉山"和天帝之"下都"，则明朝统治者在创建王朝新都城时利用景山的人工修筑，希望联通紫禁城与昆仑及天神世界的神话期盼，也就全盘浮出水面了。华夏文明的文化文本，作为一种天人合一神话观支配下的潜规则，早在石峁建城的 4300 年前，就已经无声无息地悄然存在于设计师们的头脑之中了。

当 2008 年为北京奥运会的举办而新修的全钢结构体育馆命名为"鸟巢"时，多数国人并不会想到鸟巢的位置，恰恰就在以紫禁城为核心的北京古城中轴线上。如今这条中轴线已经申报世界文化遗产，其知识产权的真正始作俑人，无疑是明代初年精通华夏神话风水观的江西兴国县三僚村的客家人廖君卿。

浙江余杭良渚遗址

本章第三个案例，是 1986 年发掘的浙江省余杭反山大墓群，属于良渚文化中期早段，其年代是距今 5000 至 4800 年之间。9 座大墓共出土单件玉器 3500 件，占据所有出土随葬品器物的百分之九十以上。这又构成一个空前绝后的玉殓葬现象的奇观，举世皆惊。其中的顶级墓为 M12，出土了体积巨大的"玉琮王"（重达六公斤多）和精雕细刻的"玉钺王"，级别之高，艺术水准之精细华美，古今皆无出其右者。

在玉琮王和玉钺王上都有雕刻精致的羽冠鸟人形象。统一标准的鸟神崇拜和神徽意象——头顶巨大鸟羽冠、中间为神人面，足为鸟爪的鸟人形象，被考古工作者认为是类似后世文明中一神教的信仰对象，也是后来商周两代青铜礼器上神秘的饕餮纹之原型。那么，这种半人半鸟，距今约 5000 年的南方神话意象，代表着怎样的崇拜观念和具体神话蕴含呢？四五千年过去了，今人的解说怎样才能更加接近或契合良渚时代的巫师萨满们用艰苦的切磋琢磨方式创制这类神徽形象的初衷呢？

南美洲瓦劳族印第安萨满的"黎明创世鸟"（creator-bird of the Dawn）故事，为笔者重新解读良渚神徽羽冠鸟人，提供了"再语境化"的直接的帮助。

首先，今天的东亚人群中已经看不到头戴巨大羽冠的族群形象了，但是太平洋彼岸的美洲印第安人恰恰是以头戴巨大羽冠而著称的民族，鸟和鸟羽之于印第安萨满的意义，或许更接近良渚巫师头戴巨型羽冠的原初意义吧。前辈专家学者张光直和萧兵等，都曾论述过史前期"环太平洋文化圈"的存在，良渚神徽的巨型羽冠图像的重现天日，必将给这个广阔范围的文化圈研究带来新的学术憧憬。将欧亚大陆东部沿海地区的史前文化放在整个环太平洋文化圈大视野中，最好的启迪就是改变以往那种作茧自缚的地域性视野限制，克服见木不见林的短视和盲视的局限，在宏阔而切实的文化关联体系中重新审视对象。

其次，美洲印第安人的祖源是亚洲，在距今15000

年之前即白令海峡形成之前就已经迁徙到美洲。瓦劳族印第安人讲述的鸟神话，不是文学或审美的文本创作，而是萨满出神幻象中呈现出来的超自然意象。这样具有十足的穿越性质的神话意象，给良渚时代神徽为代表的史前图像认知带来重要的方法论启迪，那就是：不能一味地用非此即彼的逻辑思维（逻辑排中律）去认识数千年前的神幻形象，需要尽可能依照当时人仅有的神话感知和神话思维方式，去接近和看待这些神秘造型的底蕴。而大洋彼岸的现代萨满的幻象体验，恰好鲜明地表现出这种神话感知方式的穿越性和非逻辑性：A可以是B，也可以是C……准此，人可以是鸟，也可以是鸟兽合体，或人、鸟、兽的合体。良渚神徽恰恰是这样一种全然违反逻辑思维规则的多元合体的形象。尽管如此复杂微妙，神徽中的人面和鸟羽冠、鸟爪，都是一目了然的。其所对应的当然不是现代科学思维的"可能"与"不可能"截然对立的判断，而反倒是吻合较多保留着神话式感知方式的《山海经》叙事特色：其神人面鸟身，其神人面虎身，以及"鱼身而鸟翼，其声如鸳鸯"、"有鸟焉，其状如鸮而人面，身犬尾，"等等。人禽兽三位一体的想象，不是出于创作需要，而是萨满特殊意识状态下的幻象产物。

陕西神木石峁遗址

本章第四个案例，是轰动世界的最新考古发现：陕西神木县石峁遗址，2012 年入选全国十大考古发现，2013 年再度入选世界十大考古发现。上文提到的十分罕见的立体型玉璇玑，就出自石峁遗址。石峁古城的存在年代是距今 4300 年至距今 3800 年。一个绵延 500 年的史前王朝，在古代浩如烟海般的文献中居然没有一个字的记录，所有的一切全靠出土的文物来辨识和重建。文物中最令人咋舌的就是大量的玉礼器，甚至在建城时用的石块缝隙中都夹着大件的有刃的玉礼器。这又是一个匪夷所思之地。

笔者在刚出版的《玉石神话信仰与华夏精神》书中，

有专章介绍石峁古城及其玉礼器的功能，这里就不再重复。将上述四个新发现的考古案例，链接本书第一章所讲的澳门黑沙遗址玉石作坊的发现，则五者均属近年来中国境内史前文化新发现，其中半数为21世纪以来的最新发现。四大遗址的年代皆在6000年前至4000年前，均属于我们重新定义的文化大传统范围，那时连甲骨文也还没有产生。将这几个地域连起来，大致吻合本书所提出的足以跨越黄河、长江和珠江的全景中国大视野。

从东亚玉文化万年史的发展脉络看，距今5000多年至4000年这一时期，是玉文化发展的巅峰期，此后金属冶炼的新时代开启。伴随着青铜时代的到来，大传统的唯一圣物玉石被新加盟的金属物所补充，形成金玉共振的新景观。玉石独尊的数千年历史终结，而且是一去不返。青铜器登场，以其铸范制造的特殊优势，在礼器生产的体积上，在批量生产的规模上，皆出现后来居上的局面，并形成愈演愈烈之势。在一定程度上，这自然会削弱玉礼器在上古礼制中原有的重要地位和意义。好在如今我们有相当丰富的出土实物，能够对先玉礼器后铜礼器的转化和组合过程做出清晰的历史判断。古人所说的"金声玉振"一类本土话语的底蕴，终于得到重新认识。

"大历史"学派与"大传统"理论

通过对以上中国玉文化考察的九处考古发掘遗址的梳理，串联成为一个整体来看的话，"玉成中国"的原理已经呼之欲出。

一般做文史哲研究的人，不大关注整个人文社会科学的世纪转向和范式革新问题，如今"人类学转向"在史学界掀起的大历史潮流已经风靡全球，这足以给本土的大传统理论提供一个国际对话空间。没有人类学转向，学界根本不会有人去研究无文字的口传文化和多民族文化。也不会有联合国教科文组织引领全球观念变革的新概念——"口传与非物质文化遗产"。如今亟待解决的难题是中国自己的理论建构，而不是像二百年来西学东渐风潮席卷下的人云亦云和移植照搬。

　　大传统与大历史，是指向未来的新知识观和历史观，其意义在于打破文字小传统和文献知识的局限，还原一个前所未有的全景中国和全景世界。要真正做到深度认识中国——这个世界上唯一没有中断的古老文明，首先需要有真正能够深度透视的大视野。文学人类学一派的理论建构，将这种深度的大视野称为文化的"大传统"（Big Tradition），与之相对的是汉字记录的文化传统，称之为小传统（Small Tradition）。大传统的新视野的理论意义就在于：开启万年中国史观，必将极大释放被汉字小传统压抑三千年的潜在知识能量，和被秦帝国武力统一所压抑的、比中原华夏国家要大得多的地理空间的文化认同潜力。

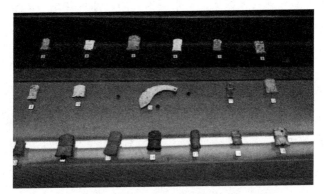

湖北天门出土石家河文化玉蝉等，距今 4100 年

陕西历史博物馆藏石峁遗址玉璋

玉石里的中国

肆

动力的中国

聚焦文明的观念动力

一个文明古国是怎样产生的？一般的解说策略就在于陈述其发生的历史过程。对于一切生活在中国通史之父司马迁之后的古人来说，理解这样的问题也较为简单，没有多项选择和思考的必要，只需看首部国家通史《史记》的第一篇章《五帝本纪》，就有西汉官方权威学者给出现成标准答案：华夏国家以黄帝为始祖，黄帝之孙为颛顼，其后三帝为尧舜禹。知道了这五帝的传承谱系，也就相当于理解了华夏文明的发生。

自近代西学东渐以来，文献史学的正统性、权威性都受到强烈的挑战。先有新文化运动要彻底打倒孔家店的过激要求，随后又有疑古派要坚决打倒包括三皇五帝在内的所有国史开端系统。直到 20 世纪后期，才迎来走出疑古派的阴云笼罩状态，重建中国古史脉络的学术自觉追求。无论是 20 世纪末期完成的"夏商周断代工程"；还是 21 世纪再启动的"中华文明探源工程"，都体现着国家意志支配下，要重新认清华夏文明由来的当代学术诉求。

从学界目前进展情况看，无论是给最早的三个朝代确定精确的年表断代，还是在先于夏代的史前期寻找都城遗址和文明象征物，学者们的主要关注点都聚焦在华夏文明出现的时间和空间坐标方面，很少有人去思考：驱动一个文明发生的核心要素和动力是什么？换言之，在文明起源研究现状中，最缺乏文明发生的动力学视角和相关的理论阐释。这方面首先需要在因果关系层面展开如下问题：是什么因素在驱动着史前各地的各自为政

玉石里的中国

的部落社会，终于走向在数百万平方公里的巨大范围内的统一文明国家的？这样的质问，会将研究者思考的方向，引向国族的文化认同问题。这是比年表和时空问题的考证更有难度的问题。

笔者尝试从"神话—观念—行为—文化特质"这样一种因果链条的解释系统中，解析华夏古文明特质的由来，而不再是那种泛泛而论的或主次不分的文化时空描述。希望在文明发生的时空展开过程中透视到具有驱动作用的主因素线索，即有关玉石被神圣化的一整套神话信仰观念。

本章从启发本土文化自觉的意义上，将围绕三个典型性的中国故事而展开，意在凸显神话观念所铸就的文化潜规则，如何在暗中支配着国人的言论和行为取向，从而塑造出"中国性"的因果叙事模型。三个故事皆来自文学领域。有一个是笔者以往曾经引用过的，另外两个则分别取自中国文学的作家创作和民间传承：其中《红楼梦》一例，属于尽人皆知的小说名著；另外一例则出自罕为人知的云南少数民族的民间口传文学。三个故事来源不同，却足以说明同一个道理：是什么样的核心物质和核心精神要素，暗中支配国人的价值观和文化认同。一旦能够找到共同的价值观和文化认同，华夏文明就有了动力学阐释的基本理论架构。

从三个故事看文化潜规则

第一个故事乃是曹雪芹创作《红楼梦》所写的"通灵宝玉"故事。小说人物塑造根据二元对应原理，构思出男女主人公的三角关系：一个是"宝玉对黛玉"的关系，另一个则是"宝玉对金锁"的关系。前者充分显现文化大传统的根深叶茂，以玉为至高价值；后者则突出文化小传统中后起的贵金属崇拜。大、小传统对接之后，玉和金两种物质成为一种绝配，用老子的话说就是"金玉满堂"，由此成为人间财富追求的一种理想。此后，玉原来独享的神话性和神秘性蕴含，也就相应地移植或嫁接到了金银铜等稀有金属上面。世俗社会以为金玉组合乃是天命注定，于是催生出了"金玉良缘"和"金童玉女"等各种匹配组合性的成语。

《红楼梦》描写贾宝玉自降生到人间的一刻，就口含通灵宝玉。此一细节预示这个男孩天命就有"玉"的注定。贾母据此判断，这位含玉而生的孙子，日后长大成人一定不会是凡夫俗子。因此把这个孙子当成受宠若惊的宝贝儿，使得小小的他，就在大观园的红粉国中获得众星拱月般的独特地位。

在曹雪芹的描述中，贾宝玉的玉自然是天赐神物一样的东西。贾府内外的人都知道这位公子生来就口含神玉。但是玉佩上所写着的字样内容，就不是贾府内外的一般亲朋好友所能够知晓的。国之利器不以示人，代表个人命运的珍宝，一般也都是秘不示人的。尤其是命运相关的神秘性，更不会随便让他人所熟知。不过，宝玉自己起初对这玉的态度并不明确，当他知道别人都无玉，惟有自己有玉，便对这样的特殊性感到不自在。当远方的亲戚妹妹黛玉进入贾府，宝玉就忍不住好奇地向她发问：妹妹你也有玉吗？黛玉只能如实招来，说：那玉是稀罕东西，岂能人人都有。谁知宝玉听说和自己一样名字中有"玉"的黛玉，其实没有玉，就好像被名字所欺骗了一般，立刻丧失常态，发狂般地要摔掉自己的佩玉。贾母只好命人立刻捡起那块玉，再小心翼翼地给宝玉戴上。还要骗宝玉说，林妹妹原来也是有玉的，只不过她将那佩玉给她母亲陪葬用了。宝玉的精神状态这才恢复正常。晚间宝玉的丫头袭人见黛玉还不睡，过来探望。黛玉和袭人也谈到那块神奇万分的佩玉。黛玉表示以后有机会再设法仔细地看个究竟。

黛玉和宝玉二人，就这样以玉结缘。后来，宝玉的姨表姐薛宝钗来到贾府，并且长住下来。宝钗的"钗"字从金，按照古人的观念金是玉的绝配。曹雪芹通过这样安排人物关系，让和宝玉同名的黛玉妹妹，渐渐意识到自己的情敌更具竞争优势。而且宝钗在性格上雍容大度，在家中表现得知书达理，显然比惯于使小性子的黛玉更得人心。

清代社会继承了传统观念中的金玉良缘说，这通过贾府上上下下的舆论氛围，给黛玉脆弱的心灵带来更大的压力。她只能自叹命运不济和生不逢时。黛玉的名字里没有金，身上也有没有与生俱来的佩玉。虽说名叫黛玉，也只能暗喻着一种上古时期曾经流行的墨色玉。而在崇尚"白玉为堂"的清朝现实中，能够欣赏墨色玉的人，可谓凤毛麟角。宝钗作为豪门巨富之家的千金小姐，佩戴豪华雕饰的金锁，作者还特意在那件金锁上安排了八个篆字，和通灵宝玉上的八个篆字是完全匹配对应的。

曹雪芹让宝钗自己不说金玉匹配的话，而是将这个点题一般的说法安排到宝钗的丫鬟莺儿口中说出来：金锁上的八个字和通灵宝玉上的八个字是对起来的呀！金玉成对啊！林姑娘听了莺儿的话，十分懊恼，却有口难言。白先勇对这一段金玉匹配的情节特别看重，他分析说：

> 金子是最世俗的东西，但真金不怕火炼，也是最坚强的东西。玉还可能碎掉金子不怕炼。别忘了，最后贾府要靠宝钗撑大局。贾府衰败，王熙凤死了，贾探春远嫁，撑起贾府就靠薛宝钗。难怪薛宝钗步

步为营，一举一动都合乎儒家那一套宗法社会的规矩。……如果往大处看，也只有她能撑，那两块玉——宝玉、黛玉，都撑不起来的。只有这把金锁能够撑大局。所以金跟玉这么两个人一比，就比出一段很重要的姻缘。（白先勇《白先勇细说红楼梦》，广西师范大学出版社，2017年，第106—107页。）

　　宝玉的玉是神奇的。玉上的字让人更神奇。我们知道秦始皇的传国玉玺上面有八个篆字是丞相李斯镌刻上去的："受命于天，既寿永昌。"通灵宝玉上的字是什么呢？书中直到描写宝玉正式和宝钗见面才向读者揭示出来。那玉上的字经由宝钗的嘴里反复两次念出来。"莫失莫忘，仙寿恒昌。"宝钗的丫头莺儿听到玉上的字。立刻说和姑娘宝钗锁上的字是一对。这样宝玉便觉得很好奇，一定要亲自验证一下。宝钗说不过是别人给的吉利话儿。她嫌金子沉甸甸的没趣儿。所以錾上了字。无奈在宝玉的执意要求下，宝钗让宝玉看了金锁。这件长命锁确实不是特别稀罕的奇珍异宝。但是锁上写明的那八个字，确实在让宝玉感到非常神奇。那八个字是："不离不弃，芳龄永继。"

宝玉的佩玉虽说是块顽石，只因为僧道的神奇变化，这块石头被点化出了灵性。故曰"通灵"。玉石上既有字样说明功能，也有可穿绳系挂的孔洞，其表面还泛着红色，纹理中透露粗暗暗的花纹，而且像酥般光润。熟悉秦始皇传国玉玺的人，一看就知道通灵宝玉上的字之出处。至少后四个字是曹雪芹照抄来的。金锁上的后四个字，也和前面两个意思相同。只是表示祝福的对象不是男性，而希望女性小姐能长寿的意思。

金锁上的字怎么来的？宝钗父母故意编造的。为什么？要和王夫人结成娃娃亲。具体表现就是让双方的儿女带上彼此合成一对的物件。只是宝玉的玉是天生的。宝钗的锁是父母人为打造出来的。贾政、贾母他们对此都不知情。

看了下面讲的民间玉宝的故事，再去对照《红楼梦》中的"通灵宝玉"，可知作家曹雪芹的文学想象与民间故事想象具有惊人的一致性。那就是将玉这种物质当做超自然的神意之象征：美玉乃由天神降下人世间，作为体现神灵意志及各种美好价值的某种神秘符号。

要说作家创作给民间玉宝故事增添了什么要素，那就是玉石神话与文字神话相结合的生动例证。《红楼梦》主人公贾宝玉含玉而生的那块玉，其正面横向刻写的四个汉字"通灵宝玉"，一般都当做文学家子虚乌有般的虚构想象。比较神话学视角则可确认，那是来自华夏史前石器时代古老玉石信仰的回音。以玉为"宝"的观念不用远求，就潜藏在汉字"宝"从玉从贝的造字建构中。换言之，离了"玉"字，就没有"宝"字（详细的"宝"字词语分析，留在第九章里展开）。后起金银等贵金属虽然也被视为珍宝，但是古人早有"黄金有价玉无价"的古训。至于"通灵"的解读，需要认识到自先秦时代"灵"字即指神灵；"通灵"即通神。

从信仰角度看，玉之所以为宝物，原本就在其通神的宗教法器功能。佩戴美玉能够保佑佩玉者的信念，在华夏传统中至少流行了6000年以上。贾宝玉的通灵宝玉背面还镌刻着十二字：一除邪祟，二疗冤疾，三知祸福，分别道出玉石神话的三项基本原理：辟邪除祟，治疗疾病和预知祸福。这三点都是史前巫医和占卜师一类神职人员的专业职司，因为他们才是圣俗两界和神人之间的沟通中介者。玉石神话的起源当然离不开巫师贞人一类社会宗教领袖。国内玉学界新近认识到的"巫玉"之说，为今人以"同情之理解"的方式重新进入玉石神话时代，在地质矿物学和考古学以外，标示出宗教学和神话学的思考路径。用宗教学家马利亚苏塞·达瓦马尼的说法："对于神灵的信仰通常包含着一种需要与之交流以保障其驱邪避祸，财运亨通的意义。"（〔意〕马利亚苏塞·达瓦马尼著《宗教现象学》，高秉江译，人民出版社2006年，第54页。）玉石神话观的普遍意义就在于，史前初民以为玉石宝石就是充当神灵载体作用的实物符号，因而具有特殊的通神通灵和庇护保佑作用，魔法石和护身符的流行观念即由此而来。

中国人的圣物想象有其深远的文化根源，这种想象越是古老越是单一，而且对后世产生难以磨灭的深远影响。作为说明，下面引出第二个故事——满族民间故事

《细玉棍》:

　　一个老头有三个儿子。老大两口子贪心，老二两口子奸诈，老三两口子憨厚。因为老三愿意周济别人，老头总想将他撵出去过。一天，他把三个儿子叫来，每人给了三百两银子，让他们出去找事干，三年后将银子翻九番来见他，拿不回来的赶出家门。老大在外面开酒馆，在酒里兑水，得到高利息。老二开了个山货铺，低买高卖，钱挣无数。老三为照顾在路上遇见的一个病老头，整整伺候了三年，只得了一根玉棍留作纪念。当他们哥仨回家时，由于老三没挣到钱被赶出家门。正在他们走投无路时，细玉棍显灵为他们变出了水晶宫一样的房子和热腾腾的饭菜。当老头和另外二个儿子知道后，千方百计要得到这个宝物。最后，他们用全部财产换得了玉棍，住上了老三的漂亮房子。但是宝物在他们手里怎么都不管用。水晶宫样的四合院也缩到了地里。他们只好冻在田野里。这个故事流传于辽宁岫岩满

　　　　　　　　　　　　玉石里的中国

族自治县。由于这个县以产"岫岩玉"闻名，故事更增添了几分地方色彩。（**季永海、赵志忠《满族民间文学概论》，中央民族学院版社，1991年，第66页。**）

这个满族故事将一根细玉棍作为来到人间世的神灵化身，作为三兄弟中德性最好的老三所行善事的报答物。这样的秘宝情节，充分体现出将玉石神圣化的信仰观念。细玉棍的存在，成为老天爷或神灵赏善罚恶的意志之象征。换句话说，神灵不直接出面，而是幻化成圣物宝物出现。细玉棍虽不及金银财宝那样耀眼醒目，却能够帮助善人心想事成，脱贫致富；同时也能够鉴别和惩罚恶人，让他们遭到报应，倾家荡产。可以说出自满族民间幻想的这件细玉棍，要比贾宝玉的通灵宝玉更有伦理道德原则，更体现善有善报恶有恶报的社会性正义诉求。由于玉即充当神灵的化身，所以故事叙事中也就无需僧人或道人出来捧场或表演了。

第三个故事是云南白族民间故事《玉白菜》。

到宝岛台湾旅游必看台北故宫的珍宝，其中最著名的清代玉器叫做"翠玉白菜"。只因为"白菜"谐音"百财"，就给这件古玉带来极高的人气。窃以为，能使得翠玉白菜这样的古代文物重新被激活的最佳方案，出自文学人类学方面所指称的"第三重证据"，即作为民间的非物质文化遗产的口头传说。下面即链接一个白族流传的民间故事《玉白菜》：

很久很久以前，在苍山脚下，一个村庄里住着一户姓俞的人家，只有母子二人，母亲七十几岁了，人称俞大娘，儿子俞大香，依靠上山砍柴和卖柴维持生计。一年春天，母亲患病，病情日渐加重。儿子忙得东奔西走求医问药，仍不见效。一天夜里，守候在母亲身边的儿子恍惚入梦，升高到苍山之巅。遇到一位白胡子老人从天而降，对他说："在苍山中和峰脚下有一口红龙井。井底有石门，只要轻扣三下门环，石门即自动打开。进入石门后拐三个弯就到了玉白菜生长的地方。有四条红色蛟龙守护。你对它们说你只要去掐一小块玉白菜的叶子，就可以了。带回去放在母亲嘴里含着。含一天，百病全消；含两天，恢复健康；含三天，白发转黑，落齿重生。"俞大香听着听着，不觉一觉醒来，按照白胡子老人说的话，去找玉白菜。他下到红龙井底，摸到石门，惊喜地来到玉白菜面前，向四条红蛟龙说明来意，得到准许，掐下一小块玉白菜叶片。到家后取出玉白菜叶片一看，已经不是白色的，变成碧绿的一块玉石。他顾不得思量，立即放进母亲嘴里。母亲当天痊愈，次日恢复健康。第三天，白发转黑，落齿重生。这样的奇迹传扬开来，远近的人们都来请求一睹玉白菜的芳容，或请求借给病患者入口一含。消息传到南诏国都城，国君立刻派人把俞大香传入宫中，让他拿出玉白菜叶片为身患重病的王太后治病。果然玉石入口就获得药到病除之效。国君高兴不已，封赏俞大香为"进宝状元"，并赐金银财宝，骑着大马衣锦还乡。都城里的富豪贾家藻看到这场景，一心要将玉白菜据为己有。于是他奔向苍山中和峰下的红龙井，来到四条红蛟龙守护的玉白菜前，谎称自己的母亲患病需要治疗，索要一小片玉白菜的叶子作为灵丹妙药。四龙也同意了他的请求，谁知他贪婪本性不改，双手拉住一片玉白菜的叶子猛烈摇晃，叶子被拉倒在地，引发地震。四条蛟龙勃然大怒，将贾家藻杀死。据说，一直到现在，那棵玉白菜依然在大理城中心的五华楼下，支撑着整个大理坝子。但是自那片叶子被拉倒以后，大理就常常发生地震了。（以上引文为笔者根据《玉白菜》文本压缩改写，原文为 1979 年洱源城石音口述，李中迪记录。）

白族的《玉白菜》故事非常生动地表现出玉石所蕴含的正能量，玉石不仅具有通神通灵的效应，而且直接表现为救死扶伤和拯救生命的奇幻功能。这不能不说是东亚洲特有的玉文化发展的最大精神动力所在。

玉白菜这个叙述母题，直接将作为无机物的玉石和作为生物种的白菜组合成为一个神话意象，并让它承载着世间最神奇的正能量，能够让一切生命体得以生生不息。来自民间口传文化的第三重证据，令古代传世文献《山海经·中山经》中基本无解的黄帝播种玉石的叙事，一下子获得重新激活的现实语境，变得容易被今人所理解和接受。玉荣、琼花、琼枝玉叶、玉树临风，球琳琅玕，金枝玉叶，所有这些古汉语成语都不是哪个文人随意创作出来的，而是植根于万年玉文化的想象中的。植物也好，动物也好，作为生物体的生命之始源，都可以被华夏神话思维追溯到承载着神力和正能量的玉石。换言之，文化符号的编码是分层级展开的：先有昆仑山和田玉的实物，催生出昆仑瑶池的仙界想象，再有人格化的掌握不死秘方的西王母想象，最后才有西王母蟠桃会的想象。总之都指向一个神话理想：生命的永生不死性。

救死扶伤，再加上生命永恒，这就是白族民间故事想象的玉白菜之文化功能。在中国传统社会里，玉石可以替代神佛，行使同样的功能。

金缕玉衣

华夏文明以其持久不断的巨大生命力而著称。历朝历代更替不断，革命加战乱，本土造反加外族入主，但华夏文明的主脉却始终不绝如缕，能够在历经各种磨难之后，不断自我修复，其最持久的文化认同和文化凝聚力是怎样的？宁为玉碎不为瓦全，这一类挂在国人嘴边的超级流行的国粹措辞，其实已经将某种深层的华夏文化价值观和盘托出了。

物质的玉石与精神之弘毅间的固定联想，自儒家以来也有两千多年的积淀，这绝不会是任何单个作家或诗人所能够发明出来的。在此充分体现出来的，是以潜规则形式而存在的文化文本的规定性作用，而不是个人独创性的作用。玉文化发展在两汉时代迎来前所未有的局面：一方面是汉武帝通西域后，将国家海关设定在河西走廊西端链接新疆的玉门关，使得优质和田玉源源不断输入中原，给玉器生产带来空前的大繁

玉石里的中国

荣；另一方面，以玉代表天和永生的神话观念为基础，在汉代刘姓诸侯王家族里流行金缕玉衣这样奢侈至极的帝王级丧葬制度，给九千年玉文化长河留下空前绝后的一道别样风景。

前几年国内文物收藏界轰动一时的大事件，便是当今市场经济条件下的模拟汉代金缕玉衣的赝品大案，造假者居然能够凭借金缕玉衣的巨大声誉，直接从银行骗得贷款数以亿计。甚至连故宫的玉器研究专家也被卷入此案，因为收受红包而给赝品金缕玉衣开出假证明。

古代金缕玉衣的制作，遵循着什么样的设计理念？在拜金主义盛行的当下市场社会，很容易理解为皇室贵族死后的炫富行为。其实并不尽然。金缕玉衣，乃华夏古老的玉石神话信仰在汉代催生的新神话现象。其最初的设计理念虽没有留下说明，却能从文献记载和出土实物的对照中，得到神话学的认识。

汉代顶级殓服用玉衣，因等级不同，分为金缕、银缕、铜缕、丝缕几种。几种玉衣在考古发现中都有实物。自 1968 年河北满城西汉中山靖王刘胜夫妇墓出土两套金缕玉衣，迄今已发现的玉衣不下四五十件。其中完整无缺的玉衣仅有四件，除满城的两件之外，还有广州南越王赵眜墓出土丝缕玉衣一套，徐州火山刘和墓的银缕玉衣一套。较完整的还有徐州狮子山西汉楚王陵出土一件，河北定县西汉刘修墓一件，后者作为国宝级文物，曾在国家博物馆展出。

金缕玉衣的出现，堪称世界工艺发展史上的一大奇观。玉衣一般采用来自新疆和田玉料，先制作出两千多件方形玉片，四角钻孔后用金丝编缀而成。不论是所耗费的珍稀玉材还是大量工时，都让人感到匪夷所思。早在汉末三国时期的战乱中，这些神秘的玉衣就已被大量盗掘，并记于史书，称为"玉匣（柙）"。如《三国志·魏志·文帝纪》云："丧乱以来，汉氏诸陵无不发掘，至乃烧取玉匣金缕，骸骨并尽。"说的是盗墓者为了获取黄金，不惜用火烧熔化黄金的方式处理玉衣，连玉衣内的尸骨都烧尽了。如今在各地的古玩市场上，常有零散的玉衣片出售，这里面有真有假，眼力好的收藏者不难淘到一些真的玉衣片。只要玉质好，盘玩之后还会变色、出油、通透，带来更多的遐想空间。

玉衣葬俗的观念动机为何？其实在殷纣王的临终举动中，已经多少透露出一些观念的端倪来：以宝玉缠绕在自己身体上，然后点火自焚。只要知道火苗是能够克服万有引力定律，熊熊地向上方运动的，则殷纣王的借火升天之梦想，也就不难体会了。试问，如果没有宝玉缠身的细节，殷纣王还能顺利完成他的升天梦吗？本书第三章"万岁的中国"里给出两个5000年前的墓葬景观，都是借助玉礼器的力量祈祝死者魂归天国的极好例子。参看之下，原理不变，而汉代玉衣的制作技术集大成性，则显得尤为突出。在殷纣王那里，众多的宝玉平时都深藏在宫中，并不当衣服穿；只是在临终之际拿出来当成临时上身的"玉衣"。这临时裹身的"玉衣"虽然毕生只穿这一次，而这一次就意味着升天的永恒。

比"玉匣"更早一些的称呼叫做"含珠鳞施"，见于秦汉之书《吕氏春秋》和《淮南子》。这个比喻性名称透露出神话的仿生学观念：玉衣的构成之所以用数以千计的片状拼接为一体，是为了让死者模拟性的变化成鳞介类的水生动物。相传象征不死的千金之珠藏在龙口之中。而鱼鳖一类的鳞介动物，在神话中普遍被视为能够长寿或死而复活的神物。

从比较文明史的视野看，金缕玉衣的制作和古埃及金字塔的设计理念一样，都是出于统治者死后灵魂升天的信仰观念和神话想象。只不过升天的方式和凭借的物质不同而已。中国先秦的冥界神话将地下死者之国称为"黄泉"，汉以后又称"九泉"或"黄垆"等，指黑暗的大水围绕的状态。死者下黄泉之旅，要模拟鱼龙之类的水生动物，也就顺理成章。《吕氏春秋·节丧》："国弥大，家弥富，葬弥厚。含珠鳞施。"高诱注："鳞施，施玉于死者之体如鱼鳞也。"章炳麟《信史下》解释说："古之葬者，含珠鳞施。鳞施者，玉柙是也。"越过秦汉时代，再向上溯源，商周以来的以玉鱼铜鱼饰棺现象，当为汉代王侯玉衣葬制的雏形。

本章从华夏文化的特有的崇拜观念出发，探寻对文化成员思想和行为有支配作用的潜规则，通过三个故事的内涵分析，加上对中国文化独有文物奇观金缕玉衣的神话解析，说明为什么是玉石神话信仰及其汇聚而成的观念要素，最终成为本土文明发生发展的一种驱动力量。

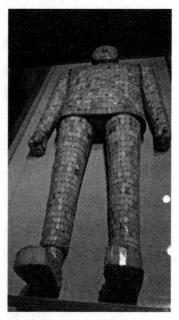

徐州狮子山汉墓楚王陵出土金缕玉衣

作为玉衣雏形的东周玉殓葬

徐州狮子山汉墓楚王陵金缕玉衣局部图

伍

统一的中国

统一中国的三大浪潮说

本书第二章和第三章，分别就玉文化传播造就的全景中国之版图和大传统的历史时间深度而展开论述；第四章则从三个充分体现中国性的故事，揭示潜藏在文化结构底层的具有支配性的神话信仰观念，并展开从观念到行为和文化特质的动力学的探索路径，希望能够深度诠释中国作为文明古国，其发生和发展的所以然层面。本章提炼和概括此三章内容，进一步从大传统视角说明在东亚的广阔地域上一个统一的多民族国家是如何一步一步地建立起来的。希望能将催生文明国家的每一重要步骤明确标示出来，作为"文化大一统"的多次浪潮来审视，从而提出华夏文明化进程中的三次统一浪潮，将尽人皆知的秦始皇主导的秦帝国的地理版图统一作为第三次也是集大成的最末一次统一，而要重点考察的则是在无文字的大传统时代曾经发生却从来不为人知的前两次统一浪潮。

此前三章所聚焦的玉文化的传播过程，首先应视之为相关的玉石神话信仰的传播，大趋势是北玉南传，先覆盖整个中国东部的沿海一带，再像农村包围城市一样催生中原地区的玉礼器体系，奠定夏商周三代古礼的核心要素。以至于孔子在感叹古代礼制核心时禁不住要发出"礼云礼云，玉帛云乎哉"的问句。玉文化数千年传播的整个过程可以总结为一个新知识的理论命题——玉文化先统一中国。在这个过程的后半段，亦即距今约4000年前后，发生了由玉石神话信仰驱动的新玉石资源的大传播现象，此即"西玉东输"，这一现象历时数千年，至今仍然还在延续着。简言之，这种资源传播现象，特指的就是全球最顶级的浅色透闪石玉料——新疆和田玉的"西玉东输"历史。从近万年前开启的北玉南传和东玉西输，总共耗时近5000多年，将玉文化和玉礼器生产一直传播到河西走廊的东端地区。这和随后出现的西玉东输现象有着根本的区别，区别就在于文化观念的普及传播是不定向的，最后才辗转汇聚到中原和西部地区；而独有的优质玉石资源的传播是定向的，原产地基本固定不变，且唯独向中原地区的华夏国家传播。玉石资源的传播主要涉及的是经济贸易的运输路线和沿线一带不同族群之间的关系；而玉石神话观念的传播则涉及类似传教过程的思想推广和相关社会人群的认同与凝聚。

中国成为一个拥有广大地域的文明古国，先后经历三次大一统的过程，限于文字记录的小传统知识窠臼，我们过去只能津津乐道秦始皇的这一次统一，而对在此之前很久发生的另外两次统一，几乎是毫无察觉的，当然也就无从说起。新知识带来的大变革发生在近几十年。以考古发现的大量信息为新知识的起点，重新审视华夏国家由来的这种视野和观点，肯定都是前无古人的。需要关注的是：在近万年的新石器时代以来，共有三波前后相承的大一统的过程。正是这三次统一过程的依次发生，才积累叠加，成为中国文明长寿的独门奥秘。我们过去的历史知识，一直是以文献史学的观点为唯一的正宗观点，所以只知道文献记载的秦帝国之统一天下，并误以为那是第一次统一。如今的新考古知识告诉我们，秦帝国的统一已经是上古史上的第三次统一进程，即军事、政治和版图的统一。前面还有两次统一的过程作为铺垫，作为这个文明所崇奉的物质、精神和书写符号的统一之根。第二次统一浪潮即书写符号——汉字的普及，是以甲骨文的出现为起点标识，没有这个媒介符号的作用，也就不会有秦始皇的书同文车同轨的国家统一制度。反映在第二次统一即甲骨文汉字中的——作为象形字的甲骨文的造字结构中保留了许多远古时期的玉礼器原型意象——恰恰是先于汉字而发生、发展了五六千年的玉礼器符号物。

如何从史前的和上古的玉礼器符号物视角，去重新审视和解读甲骨文字，成为一些立足于前沿的人文学者们致力的新课题。

问玉中原：第一次统一

北洛河是以水路形式贯穿两个与黄帝传说有关的圣地之河流，这两个圣地就是河南灵宝黄帝铸鼎原和陕西黄陵县黄帝陵。如果黄帝真是距今5000年前活跃在渭北高原一带的部落集团首领，那么根据考古发现的史前文化来确认其文化归属，如今已经是有案可稽的。5000年前整个渭河和黄河中游地区被一个伟大而长寿的史前文化所占据着，那就是公元前5000年前兴起并一直延续到公元前3000年的仰韶文化。仰韶文化的后一阶段被称为庙底沟期或庙底沟文化。在21世纪初年，灵宝当地文化工作者为打造铸鼎原的文化景观而进行探查，不料却意外发现了距今5300年的庙底沟期大房子遗址和高等级墓葬，墓葬中的顶级文物是少数象征权力的深色蛇纹石玉钺。古书中将此类玉料称为"玄玉"，并将由此类蛇纹石玉制成的钺称为"玄钺"。查阅北洛河地区相关的考古资料信息，国家文物局编《中国文物地图集·陕西分册》一书，其中记录大荔县沙苑遗址（约中石器时代，县文物保护单位）的情况如下：

    黄河流域典型细石器遗存的代表性遗址和"沙苑文化"的命名遗址。位于本县南部洛河、渭河之间的沙丘地带，面积约120平方公里。1955年至今多次调查，共发现遗址30余处（含洛河以北3处）。1977年采集到1件小孩的顶骨化石，石化程度很浅。1980年试掘，在沙丘底部的全新世地层中，发现零星的碳粒。遗物均散布于地表的粗砂砾中，石器一般与石化程度较潜的兽骨残块共存，采集有标本万余件。石器分为细石器，石片器和石核器三类，原料多采用燧石、石英矽化粉砂岩、玛瑙、蛋白石、碧玉和淡色矽质砾石等。……关于该遗址的文化性质，一些学者认为属于旧石器时代与新石器时代过渡阶段的中石器时代遗存，其时代开始于1万多年前的全新世时期，下限则延续较长。也有学者认为应属于新石器时代早期遗存。（国家文物局编《中国文物地图集·陕西分册》，下，西安地图出版社，1998年，第568页。）

这里提示的重要信息是，早在万年以前的旧石器时代或中石器时代，黄河流域腹地的沙苑文化先民们，在还没有开始农业革命的艰苦条件下，就已经开始采用玉石原料制作其日常的生产工具了。玛瑙和碧玉，两种材料，毫无疑问都属于中国传统认识的美玉之范畴。这里出现的虽然还不是玉礼器，只是玉质工具而已，但毕竟为后来的玉礼器生产奠定了更加深远的取材找玉的经验基础。玉文化万年的观念，由此可以得到出土实物的充分证明。

玉文化方面提示的线索，使得万年中国的考察，从设想变为可能。在2015年出版的旧著《图说中华文明发生史》等书中，笔者秉承此前流行的玉文化8000年的说法，即以赤峰地区发现的兴隆洼文化玉器作为东亚洲玉文化史的第一个时代——开端时代。现在看来，8000年，这个年代上溯稍显保守，需要在新材料面前加以某种程度的修正。除了渭北地区数万年的玉质工具以外，2017年的考古发现，也让黑龙江饶河小南山遗址距今9000年的玉礼器和玉工具得以重见天日。这样，以10000年至9000年前为东亚洲玉文化的起始点，发展到距今5300年的中原仰韶文化庙底沟期玄钺礼器，大约用了4000多年的时间。从距今5300年的玄玉礼器（假玉，或石似玉）再到距今约4000年的透闪石玉（真玉）礼器，是玉文化完成统一中原和中国的必经之路。所以三次统一浪潮的最终指向都是中原。正如成语"后来居上"一词所云，先前在各地区的文化开发都成为铺垫，唯有携后发优势而最后能够"居中"者，方能成就伟业。

自古以来，华夏统治者都知道的一个道理叫做"得中原者得天下"。而获得中原地区统治权的方式，又以青铜礼器时代的"问鼎中原"这个成语为标志。如今，我们有了先于青铜时代的更早的玉器时代的大传统新知识，则问鼎中原的原型形式，也就可以依次概括为三段论的过程：

1. 先问玉中原（距今 5300 年至距今 4000 年）。

2. 再问字中原（距今 3500 年至距今 3000 年）。

3. 最后问鼎中原（以周武王伐纣为起点，以秦帝国统一为终点）。

第一次统一始于问玉中原或玄玉中原。这个过程是有关玉石神话的神圣信仰最终汇聚到中原并获得统一的过程。玄玉时代，用了一千多年时间奠定中原国家礼制文化之根，也就是以玉礼器为文化基因，为进一步接纳随后到来的青铜时代的铜礼器而奠基。这个统一的过程始于万年之前，大致在距今 4000 年前最后完成。进入青铜时代之后，玉器时代的重要礼器原型都变相置换为金属礼器，如玉鱼变铜鱼，玉璧变铜璧，玉璜变铜璜或金璜，玉柄形器变金柄形器，等等，不一而足。

只需要举出在我国史前文化发展中，一批在约 4000 年前消亡的、存在玉石崇拜和玉礼器现象的考古学发现，就大致可以看清：在金属时代和文字时代到来之前，由玉文化单独实现的第一次统一的全过程：

1. 乌苏里江的小南山文化（距今 9000 年）

2. 西辽河流域兴隆洼文化（距今 8000 年）

3. 西辽河流域红山文化（距今约 6000—5000 年）

4. 西辽河流域夏家店下层文化（距今约 4000 年—3500 年）

5. 山东地区的大汶口文化和龙山文化（距今约 6000 年—4000 年）

6. 长江下游的河姆渡文化（距今 7200—6000 年

7. 长江下游的崧泽文化（距今 6000—5100 年）

8. 长江下游的凌家滩文化（距今约 5500—5000 年）

9. 长江下游的良渚文化（距今约 5300—4000 年）

10. 长江中游石家河文化（距今约 4600—4000 年）

11. 广东岭南的石峡文化（距今 4300—4000）

12. 黄河中游的陶寺文化（距今 4500—4000 年）

13. 黄河中游的龙山文化（距今 4500—4000 年）

14. 黄河上游的齐家文化（距今约 4100 年—3600

年)

以上 14 个史前期出现的地方文化，覆盖着除青藏高原和云贵高原以外的整个中国地域空间，这是能够使用"统一"这样措辞的现实基础。从三次统一浪潮的规模和覆盖面积看，这三次统一的地域空间范围呈现为明显递减的情形。也就是说，玉文化统一的时间相当漫长，覆盖空间巨大而广阔。青铜时代甲骨文金文所代表的符号统一，仅限于中原地区及其周边，根本不可能覆盖到东北地区、陇山以西至河西走廊地区和长江以南地区。秦帝国的武力兼并虽然开疆拓土不少，但是秦人的大军也终究没有征服东北及今天兰州以西的半个中国。

问字中原：第二次统一

第二次统一，即问字中原，以汉字的甲骨文和金文形态为传播媒介的统一使用过程。其开端无疑是甲骨文，始于 3500 年前的中原地区。随后应用于 3000 年前的商周青铜器铭文书写。从其所覆盖的范围看，明显要大大小于玉文化的覆盖范围，根本不能达到"全景中国"的巨大广度。

第三次统一，秦国的统一，那是军事征服和行政制度的统一。要理解秦的统一，首先需要追溯到周秦时代：先有西周人奋起造反，实现对殷商统治下的中原王权的征服过程，后有在东周文化基础上的秦帝国诞生，终结于公元前 221 年。秦始皇用书同文车同轨的统一制度，再度回应和强化第二次统一即汉字统一的进程和效果。让汉字的写法也得到空前的一体化。秦始皇还特选天下唯一的一种顶级奢侈品物质——美玉，制作传国玉玺，让受命于天的神话观完全体现到这件国宝圣物上。这实际上是对华夏文明的第一次统一即玉文化统一中国的进程和效果的最有力确证和最高级别的强化举措。

如此看来，我们对中国历史的大一统过程的认知，的的确确可以达到一种俯瞰的境界：以秦帝国的诞生为代表的第三次统一，如何以第一次统一，即玉文化的统一，和第二次统一，即汉字的统一，为其立足的基石。

秦帝国借以扬威的玉玺加秦篆，原来就是变相重复地集中展示第一次第二次统一的文化图腾符号。

与认识到三次统一之关系的当代新观点相比，我们过去仅仅依赖文献得出的秦始皇统一中国的说法，会显得比较粗陋和简单化。如今则可以说，是玉文化在4000年前先统一中国，是汉字在3000年前再统一中国，最后才轮到秦帝国在两千多年前以军事征服为表现的统一国家制度的确立。三次先后统一说比一次统一说的优越处，在于能够比以往的文献史学的历史观提升到一个更高层次，看到以前看不到的史前文化进程。

秦始皇的书同文车同轨，并没有创造什么新的文化元素，只不过是更加强化前面两次统一的成果而已。"玉成中国"的基本原理，也充分体现在第二次统一的汉字造字时代，即体现在商周甲骨金文的流行年代里。唐兰《西周青铜器铭文分代史徵》讲到一件西周初年的青铜器利簋的铭文释读：其中周文王和周武王的"文"、"武"两个字写法特殊，居然都从玉字旁：

珷，是武的繁文，从王武声，用作武王之武的专名。我国的形声文字商代已经十分发达，这是周初利用这种形式新造的字。在西周金文中常见的有玟、珷、王豐（此字需拼字）三个字。玟、珷两个字指文王、武王，王豐字见于门铺。由这件铜器的存在，知道珷字在武王时代就已存在了。王豐字铜铺应是文王建豐邑时所用的门铺。《诗·文王有声》说："文王受命，有此武功，既伐于崇，作邑于豐。"所谓受命，本是受商纣所封西伯之命，《墨子·非攻》所谓'赤乌衔圭，降周之岐社'之类，有些是故神其说，有些是后人附会增加。在受命六年时，把最大的敌人崇国灭了，因而作豐邑，就自称为文王，那末，玟字和王豐字应当就是文王时创造的，武王时又用这种形式创造了珷字。（唐兰：《*西周青铜器铭文分代史徵*》，上海古籍出版社，2016 年，第 5—6 页。）

至于西周初年的两位最高统治者为什么这样造字的

问题，则显然是和崇玉的大传统相关，是要借助于玉的神圣意蕴来赋予自己的新兴统治以合法性，如同秦始皇用传国玉玺来证明大一统的秦帝国的合法性一样。

文献表明，在西周时期的上层统治者中间，玉石原料与玉礼器都同样享有神圣的意义。《尚书·顾命》所叙述的"陈宝"一事，是得到完整记录的政权最高统治者一次性集中展示王室国家珍宝的活动，其中没有一件是铜器或金属器，所有被视为"宝"的东西，似乎只有玉石这一类。

《顾命》篇的时代背景是，第三代西周统治者周成王病危，第四代统治者周康王将要继位。在政权交接之际，拿出作为家底的国家宝藏，分别陈列在朝廷的东厢房和西厢房，这是非常不寻常的一次陈列展览，展出对象不是国民大众或朝廷百官，而只是最高统治者自己：

越玉五重：陈宝，赤刀、大训、弘璧、琬、琰，在西序；大玉、夷玉、天球、河图，在东序。（皮锡瑞《金文尚书考证》，中华书局，1989年，第

419 页。)

　　更好的全盘理解而非孤立地看待这次陈宝事件，需要向上联系史前文化大传统中地方统治者顶级墓葬中的陈宝现象，向下联系秦昭王梦寐以求和氏璧的事件和秦始皇创建传国玉玺一事。要知道，在周王朝内库珍藏宝贝中，排列出来的这十件物品，从名称上看几乎全部是玉石类的物质。而"越玉"和"夷玉"之类的名称中还清楚地透露出多地区和多民族之物产信息。就此而言，3000 年前的中原国家统治，从其首要战略资源依赖性看，就是中原国家以外辐射性的广大区域内出产的玉矿玉料。那时新疆和田玉已经进入中原，但是还没有像东周时期那样获得至高无上的价值。在儒家的温润人格理想取法于和田玉的价值标准成立之前，仍以玉石的多元性为主。只要看看周武王伐纣的联合大军中，有多少非中原族群的成分，就知道周人的民族团结功夫如何了得。周王室为什么有那么多来自各个民族地区的玉石，可不言自明。周人自诩为夏人之后，夏禹建立第一王朝的权

　　　　　　　　　　　　　　　　　　玉石里的中国

威举动，便是"会诸侯于涂山，执玉帛者万国"。万国各地的宝玉资源荟萃中原王朝的景象，至今还可以在紫禁城珍宝馆的玉器馆中看到其数千年后的历史余绪。第三次统一的至高象征物传国玉玺，尽管没有能保佑秦帝国"既寿永昌"的国运，但是玉玺制度却隔代相传，代代相传，直至1911年紫禁城所代表的封建皇权崩溃于辛亥革命为止。中国历史上的末代皇帝交出的大清王朝的传国玉玺，充分寄寓着三次统一所带来的华夏唯一被筛选出的神圣化物质与精神标的。

三次统一的递进关系

如果要对三次统一浪潮之间的关系再给予进一步的理论性说明，那就要分清因果和主次，考察其逐级递进的文化叠加效应。

相对而言，第一次统一的重要性最为突出：发生在万年大传统深处的玉文化的统一，理所当然地具有文化原型意义和文化基因意义，呈现为统一进程的因果链条之初始环节和驱动环节。第二次统一即汉字的统一，在玉礼器符号媒介认同的原有基础之上，再度引出了华夏认同的新符号媒介——汉字书写体系和文献记录传统，使得后世拥有国史叙事的书面形式——史著和经典。围绕着上古经典而形成的整个国学传统，数千年不变地代表国族文化认同的历史统一性。仅以"四库"知识分类中的史部类为例来看，从《尚书》和《春秋》到二十四史的不间断文献记录，给所有生活在汉字传统中的天子和臣民，带来万古不变的经典历史观和历史系谱。其功能就如同宗族祠堂上供奉的列祖列宗群像或祖灵牌位，给整个社会团体的全体后人铸就无可改变的香火敬奉对象，代代相传，以至于永远。而所有朝代的史书叙事范式中，都会毫无例外地强调和凸显由玉礼器的原型性作用所铸就的有关"瑞兆"（祥瑞）和"天命"的国家信仰和国家观念。这就是第一次统一浪潮给随后的两次统一浪潮带来的奠基性影响，其因果性关联毋庸置疑，也无可逆转。下文先分析"瑞"这个关键词（字）的语义衍生，再看由该字催生出的构词系统：

"瑞"字从玉，若没有玉文化大传统数千年的事先铺垫作用，根本就不会有这个字！"瑞"字的解说，可参看《汉语大词典》所给出的前四个意义的诠释：

1. 古代用作符信的玉。《书·舜典》："〔舜〕辑五瑞，既月乃日，觐四岳羣牧，班瑞于羣后。"陆德明释文："瑞，信也。"《左传·哀公十四年》："司馬請瑞焉，以命其徒攻桓氏。"杜预注："瑞，符節，以發兵。"

2. 祥瑞。古人认为自然界出现某些现象是吉祥之兆。汉王充《论衡·指瑞》："王者受富貴之命，故其動出見吉祥異物，見則謂之瑞。"《三国志·蜀志·先主传》："時時有景雲祥風，從璿璣下來應之，此爲異瑞。"

3. 指吉祥的事物。汉扬雄《剧秦美新》："玄符靈契，黄瑞涌出。"

4. 使获吉祥。汉王延寿《鲁灵光殿赋》："神之訾之，瑞我漢室，永不朽兮。"

要追溯以瑞为信为祥瑞兆头的国家观念之源，无疑始于驱动玉文化发生和发展的原初性的精神动力，即前章所述之玉石神话信仰。信仰的力量特点，便是在信仰者的不断作用下，获得无限放大和增强叠加的传播效应。瑞字本来就从玉，古人偏偏还要造出一个合成词"瑞玉"，专门指代对于华夏国家和个人来说都极为重要的物质与观念。如果是在语用过程中侧重物质方面，那么瑞玉的意思就偏重在指代无价之宝的存在。由此再比喻引申到精神上的人格理想方面。如庾信《周柱国大将军长孙俭神道碑》之颂赞之词云："直似贞筠，温如瑞玉。"倪璠注引《诗·秦风·小戎》："温其如玉。"由于儒家所确定的伦理人格的标志性比喻即"君子温润如玉"。没有玉文化积淀下来的相关本土知识，套用西方美学的若干概念和范式去求解儒家人格说，其结果只能是郢书燕说，缘木求鱼。"瑞玉"语义引申，被古人引向以温润为其物理特征的美玉，这是一种源于对和田玉籽料的特殊感知的形容措辞。如果根本没有接触过和田玉，特别是上等的和田玉籽料，那几乎就无从体认儒家圣人话语建构的感性基础。

中国史书的核心信仰内涵，对于生活在现代无神论语境中的知识人，好像可有可无一般。他们关注的只是历史事件和历史人物，对于传统史官叙事中作为支配作用的天人感应方面，一律斥之为迷信内容，而置若罔闻。对此，文学人类学一派不但倡导以"神话历史"视角重新审视中国历史书写传统，还强调作为文化文本而潜隐存在的"神话中国"。如今，只要认真阅读《后汉书·百官志二》对国家史官职能的一个说明，就可以帮助现代知识人，恢复对中国式标准版的神话历史观的记忆：

太史令一人……凡国有瑞应、灾异，掌记之。

史官之所以要关注对于国家而言或有利或不利的两种特殊情况——瑞应与灾异，就是因为自以玉通神的史前文化大传统以来，直至《周易》占卜所代表的超自然主宰的文化观念，在华夏社会中早已深入人心。宋人周密在《齐东野语·祥瑞》中说："草木鸟兽之珍不可一二数，一时君臣称颂，祥瑞盖无虚月，然……邦国丧乱，父子迁播，所谓瑞应又如此也。"明代陶宗仪《辍耕录·传国玺》："又宝玺之出，正当皇元圣天子六合一统之时，宫车晚出之近朝，以见天心正为继体之君设也，此瑞应之兆二也。"此处所说"宝玺"，即指为统治者证明其国家统治合法性的玉玺，这无可置疑地成为所有"瑞应"之物的首选对象。

　　总结本章的内容，中国文化的第一次统一浪潮，始于10000年前发端的东亚玉文化。2017年在国内新发现的最早史前玉礼器，是距今9000年的黑龙江小南山文化遗址。玉文化自北向南传播，在距今8000年之际，催生兴隆洼文化的圣人佩玉制度礼俗。兴隆洼玉器以玉玦为主，这种佩玉礼俗的实质不在于美学和装饰的追求，而是作为通神通天能量之标志。这就让玉器承载起文字出现以前我们国族最深远的符号系统功能。直至两千年前发生在鸿门宴上的范增举起玉玦的行为，以玉器符号传递信息的悠久传统依然还在延续，并演化为小传统历史叙事的关键细节。3000多年之前出现的甲骨文汉字应用系统，虽然只是为商代最高统治者服务的特殊媒介，但毕竟在玉礼器之后催生出更加能够普及流行的华夏书写符号系统。我们以此作为华夏第二次统一浪潮，实不为过。到了距今2000年的秦始皇以武力推进的帝国统一大业，实际上是借助于前两次统一浪潮的铺垫作用，在前面两次统一的地域范围之内所完成的大国领土再确认而已。

玄钺标本，灵宝西坡出土仰韶文化庙底沟期玉钺 M17：10

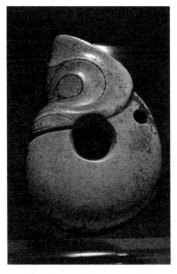

辽宁建平牛河梁红山文化墓葬出土
玉龙

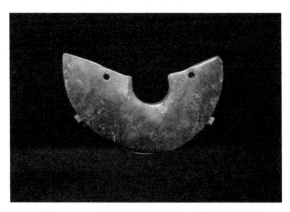

上海博物馆藏崧泽文化白玉璜

陆

「国」的隐喻

国之瑞

要认定一个文明所信奉的最高价值，较便捷的考察途径就是语言习俗。国人有一句自古流传的俗话，十分贴切地指向华夏价值观的金字塔尖端，那就是"黄金有价玉无价"。

在社会群体中，什么东西被视为无价，不是哪个人能够说了算的。统治者尽管掌控着绝对的意识形态的话语权和定价权，并且在很多场合足以呼风唤雨，但是，华夏的任何统治者也无法依靠个人的喜好而决定某种物质被圣化、神话化的历史命运。过去我们不大清楚：中国人为什么这样看中玉石，居然赋予它宇宙万物中最高等级的评价。由于文化大传统的再发现和再认识，现在已经容易得出理性的认识和判断：是近万年的玉文化积淀，使得美玉和玉礼器早在石器时代后期就一直是社会集体崇拜的圣物，而到文明伊始之际，也就毫无悬念地被奉为无价之宝。

在儒家以玉为标准的"温润人格"理想确立之际，史前期玉石资源就地取材所造成的多元性，已经必然地让位给商周以后国家用玉的一元性，即聚焦到新疆特产和田玉资源方面，形成约四千年不断的"西玉东输"运动的大格局。该运动的范围空间见证着中国版图的巨大西部地带，并有效解释了为什么华夏国家的统治区域集中在中原，而辐射区域则大大超出中原地区，穿越河西走廊并直抵中亚的帕米尔高原。

为了保证数千公里以外的和田玉资源不断供应，需要保证从黄河中游到上游，再到河西走廊和北方草原，整个西域的多民族地区间贸易与交往关系。由此拉动的华夏最高价值必然是照顾到国家资源依赖局面和"西玉东输"远距离贸易需求，即以多地域、多民族之间的彼此互利互惠关系为现实基础，用儒家的表述称为"化干戈为玉帛"。

"化干戈"是中国先民处理多元文化关系的和平主义理念，其目的很明确，就是为了"玉帛"。离开对玉帛的物质层面与精神层面的深入理解，华夏文明能够认同和凝聚多民族文化为一体的具体经验遗产就难以揭示。

最初的神话化物质"玉帛"既然充当着驱动文明国家发生的重要作用，由此为基础建立的华夏国族，自然会秉承玉文化原型编码的价值谱系。前章已经揭示，对这个东亚文明古国的早期历史而言，最重要的东西是代表天命的玉质的瑞信。在"瑞玉"信仰发挥的统一思想作用下，古人非常重视这种看得见、摸得着的玉质圣物，使得以玉为信的观念意义在社会上既能够深入人心，又能持久不变。

在这样的语境下，"瑞玉"一词又可专指诸侯朝聘时所执的蕴含着神圣意义的玉礼器信物本身。如《仪礼·觐礼》云："乘墨车，载龙启弧韣，乃朝以瑞玉有缫。"郑玄注："瑞玉，谓公桓圭、侯信圭、伯躬圭、子縠璧、男蒲璧。"按照汉儒的这一标准解说，这里的三种玉圭加上两种玉璧，就是作为朝廷上五个等级的瑞信之物证的。苏轼《坤成节功德疏文》云："上帝储休，遗宝龟而降圣；群方仰德，执瑞玉以来宾。"如果在这个意义换用其他词汇，则还有"瑞令"一词，意指神圣符命。如《墨子·非攻下》云："高阳乃命禹于玄宫，禹亲把天之瑞令，以征有苗。"毕沅校注云："《说文》云：瑞，以玉为信也。"至于"瑞信"一词，更是在古史书写中不断呈现，充分体现其原型意义，特指古代天子颁给诸侯作为凭信的玉器。班固《白虎通佚文·朝聘》："诸侯来朝，天子亲与之合瑞信者何？正君臣，重法度也。"陈立疏证："《御览》引《书大传》云：古圭冒者，天子所以与诸侯为瑞也。诸侯执所受圭以朝天子。瑞也者，属也。无过行者复其圭以归其国；有过行者留其圭，能改过者复其圭；三年圭不复，少缋以爵；六年圭不复，少缋以地；九年圭不复而地毕削。即天子与诸侯合瑞信之制也。"如果臣下或诸侯不小心丢失了作为瑞信的玉器，那随之而来的就是实际权力的丧失。华夏国家的中央与地方之间权力网的维系，特别地表现在瑞信器物之上。

即使生活在文字书写小传统中的人，也多少还依稀保留着一些来自玉文化大传统的神话记忆。《乐府诗集·郊庙歌辞六·唐蜡百神乐章之一》云："绮币霞舒，瑞珪虹起。"将玉礼器比拟为天地之间沟通的彩虹桥，这明显是来自大传统的信仰观念。史前初民批量制作的玉璜，其实质就是人工模拟生产的彩虹桥。佩戴玉璜代表拥有升天能力，即拥有沟通神人之间的超自然能量。

要追问瑞玉所承载的如此丰富的精神能量是如何深深植根在古人心中的，请看《西京杂记》卷三所记一个事例的说明：

樊哙问瑞应

樊哙将军问陆贾曰："自古人君皆言受命于天，云有瑞应，岂有是乎？"贾应之曰："有之。……况天下之大宝，人君重位，非天命何以得之哉？瑞者，宝也，信也。天以宝为信，应人之德，故曰瑞应。"（刘歆《西京杂记》，上海古籍出版社，2012年，校点本，第28页。）

陆贾是西汉朝廷中最有学问的能言善辩之士，他的解说代表着那个时代对此类天人感应现象的理论认知水平。试问：古人怎么会知道天的想法呢？要是不知道天的想法，怎么会有"天以宝为信"的判断呢？天将玉石赐给人间，人掌握着玉礼器，便可以和天对接。这是一整套来自大传统的玉文化的体系表达，而绝不是哪个作家或谋臣辩士可以策划、创造出来的。由东周时期儒家思想所催生的玉德理论，对大传统的玉文化有所引申改造：人间有资格掌握神圣玉礼器的人，只能是有德之人。这就给"天以宝为信"的信仰，找到人间对应者的必备条件——应人之德。

天与人的对应关系被儒家总结为一个新的合成词——"瑞应"。写作《西京杂记》的汉代儒生刘歆，对这种以玉为中介信物的天人合一信仰做出清晰的陈述，也就不足为奇。自汉武帝独尊儒术以来的官方意识形态，就这样全面吸收和容纳着来自史前华夏核心信仰的玉石神话内容。在此需要提示的是，古人看待的"宝"这个概念，如何与天命信仰紧密结合在一起，难解难分；而今人心目中的"宝"，体现在形形色色的鉴宝节目中，那种只看经济价值的世俗观点，显得与上古时代截然不同，相距万里，读者自己可以留心并细心体会。

然而，可惜的是，在西学东渐一百多年来的现代中国，西方学术以排山倒海之势席卷现代教育的基本内容。本土文化的"玉成中国"的基本原理，被根本不存在玉文化基因的西方学术彻底排除和遗忘。在高等院校中，中国思想史和哲学史这样一些学科的建构过程，自然一味地效法西方范式，导致最流行的学理都是诸如"哲学的突破"说和"轴心时代"说等纯粹的舶来品观念，其实与中国文化现实完全不符合。中国古人自己说的"天人合一"之类神话话语，也自然被曲解为某种特殊的哲学形态，进一步曲解为与神话和信仰无关的抽象理念。本土思想的精髓和灵魂，就这样在模仿西学范式的同时被中国本土学者们完全彻底地忽略掉了。没有一部现有的中国思想史著述提及玉石神话与信仰的存在。

为此，笔者呼吁，需要回到本土文化立场，重新理解和重新构思中国思想史。而回到本土立场的当下原则，并非要恢复清朝或民国时期的传统国学立场，而是要与时俱进地追随中国考古学新发现，打破文献史学的旧观念束缚，以本土文化的大传统新知识为研究立场和关照起点，获得再启程的前提。以 21 世纪的知识条件为准，凡是以传世文献为唯一材料的中国文化认知，在今天看来都是过季的，落伍的，不合时宜的。

回到上面所说的基于瑞信之信仰的本土理论，古代礼书还总结出"瑞节"说或"五瑞"、"六瑞"之说。前者见于《左传·文公十二年》记述的事件——秦伯使者西乞术带着秦国的宝玉聘礼前来鲁国结好，其外交辞令中说道："寡君愿徼福于周公、鲁公以事君，不腆先君之敝器，使下臣致诸执事，以为瑞节，要结好命。"这是以玉礼器为神圣媒介缔结两国友好之命的意思。唐人苏鹗《苏氏演义》对"瑞节"这个专有名词的解释如下："夫瑞节者，有五种：一曰镇圭，二曰牙璋，三曰毂圭，四曰琬圭，五曰剡圭。"苏氏的这种分类说，包括四种玉圭和一种玉牙璋。考古学给出的物证表明，玉圭与牙璋都是龙山文化时代的产物，先流行于距今4500年前后的山东地区，后分布到中原和各地。牙璋在夏商时代都是大件的玉礼器，西周以后的应用渐趋稀少，东周秦汉时代已经基本不用。玉圭则与玉璧成为常用的一对组合玉礼器，从西周一直流行到汉代。东汉灭亡之后，玉圭也停止生产。变相地化作朝臣上朝时手执的笏板，明清两代多以象牙制作笏板。

与苏鹗的五瑞说相对，韦昭注解《国语》时又提示六瑞说。

《国语·周语上》："古者，先王既有天下……故爲车服旗章以旌之，为贽币瑞节以镇之。"韦昭注："瑞，六瑞。王执镇圭，尺二寸；公执桓圭，九寸；侯执信圭，七寸；伯执躬圭，六寸；子执榖璧，男执蒲璧，皆五寸。节，六节。山国用虎节，土国用人节，泽国用龙节，皆以金为之；道路以旌节，门关用符节，都鄙用管节，皆以竹为之。"《通典·职官三》："符宝郎：周官有典瑞掌节二官，掌瑞节之事。"

根据韦昭的说解，帝王和贵族五等爵位的公侯伯子男，需要手执六种不同玉礼器，在朝廷上对应自己的身份。四种圭和六种璧，成为标志等级社会的身份符号物。

对于帝王及五等诸侯于朝聘时所持之六种玉制信符，《周礼·春官·大宗伯》郑玄注，给出更加具体的说明："镇，安也，所以安四方；镇圭盖以四镇之山为琢饰，圭长尺有二寸。双植谓之桓；桓，宫室之象，所以安其上也；桓圭盖亦以桓为琢饰，圭长九寸。信当为身，声之误也；身圭、躬圭盖皆象以人形为琢饰，文有麤缛耳，欲其慎行以保身；圭皆长七寸。谷所以养人，蒲为席所以安人；二玉盖或以谷为琢饰，或以蒲为琢饰；璧皆径五寸。不执圭者，未成国也。"《周礼·秋官·小行人》："成六瑞。"郑玄注："瑞，信也。皆朝见所执，以为信。"

从国家最高统治者，到朝臣和诸侯，如果没有玉质信物，则不成国礼，国将不国。六瑞说，就这样很好地说明了"国"字本身的隐喻意涵。再从帝王、贵族和官吏的佩玉制度实践，衍生出儒家伦理化的"君子佩玉"礼俗，对应儒生们有关"玉德"的数量说解，从"玉有五德"说到"玉有十一德"说，不一而足。儒家所推崇的仁义礼智信忠廉等各种道德内涵，全部被投射到玉这种物质之中。今天的理性思维者或许会对儒家的这种偏执感到匪夷所思吧。但事实就是如此。在玉石神话信仰的作用下，文明的核心价值一旦确立下来，就连理性和法律也都拿它无可奈何。

玉礼器从神话化的通神标识物，到信仰化的国家标准信物，再到伦理道德化的标志物，佩玉制逐渐发展为一种上流社会的身份品牌习俗。上有所好，下必效之。直到宋元明清时代，佩玉的礼制意义早已淡化，文人雅士们好古和把玩的意义，逐渐占了上风。这就使得每个朝代的富裕阶层中，都会滋生出大量痴迷于古玉的"玉痴"。其对玉的热诚与喜好，不亚于教徒们对信仰的虔诚。

清末的玉学研究者刘大同，自己就是一位玉痴。他著有钻研古玉几十年的心得之书《古玉辨》，其中有一段比较中国人爱玉与西洋人爱宝石的话，很好地体现出国人对玉的认识与评价：

　　玉性主温，翡翠宝石之性主寒，故佩玉无论冬夏皆相宜。宝石翡翠宜于夏，不宜于冬。以冬日佩之，寒能彻骨，佩者每受其伤，而不觉也。玉之美德，温润而泽，足以和人之气血，养人之心性，是以君子无故玉不去身也。宝石翡翠，多浮光，火气未退，能悦人之目，不能悦人之心。古玉清光内蕴，有静穆之气，犹之人中之圣，内文明而外柔顺者是也。较之自来旧玉，尤足养人，因其受地气之酝酿，毫无贼光躁性故耳。脱胎古玉，变为宝石色，但其性不能改其为玉。宝石翡翠出土后，亦有脱胎者，但其性终不能改其为翡翠宝石。是玉之品格，超乎寻常万万矣。（刘大同《古玉辨》，褚馨评注，中州古籍出版社，2013年，第117页。）

从"玉之品格超乎寻常万万"的评语来看，国人视玉为国粹国宝的原因，在崇拜者和喜好者的主观心理方面，基本得以解答清楚。至于要问人养玉玉养人的中医原理是否有科学依据的问题，我的回答是，这样的发问方式就显得隔行如隔山，因为国人根本就不会有这样的怀疑，这是万年的文化积淀下来的口碑和经验。对于信仰者而言，永远的真理就是一个："信则灵"。

筑城用玉器和五千公斤玉山

被今人当做简体字的"国"，其实并不是新中国简化字浪潮的产物，而是古代就有的俗字。"国"与"國"二字并行不悖，出现在不同场合而已。字形的外方框，代表着四方的城墙；位于中央的"玉"，即国家之城垣所守护的国宝。如今到北京故宫的参观者，若有一定的玉文化知识，就能从紫禁城作为北京城的内城结构里，从紫禁城珍宝馆的玉器陈设中，真切体会到华夏国家藏宝的具体内容，感同身受地体会和见证"玉成中国"之原理

2012年，陕西神木县石峁古城的挖掘发现，4300年前建城者居然用玉礼器穿插在城墙的石头缝隙之间。这就给出四方城墙与玉礼器同在的奇特景观。笔者将史前先民的此类行为解说为原始信仰中的精神武器之辟邪功能：建城的目的就是抵御外来的入侵之敌。除了明处的敌人，初民还一定相信有暗处的敌人——妖魔鬼怪与魑魅魍魉。高大的城墙可以阻挡明处的敌人，玉礼器则足以抵挡一切看不见的敌人。有贾宝玉佩戴的通灵宝玉上的文字说明为证："辟邪"。

繁体字的"國"，在甲骨文金文中写作"或"，没有外方框，表示用武器戈守护着代表国族的玉礼器。在史前文化中，就地取材的玉器加工实践，使得每个地域性的方国都有自己的取材范围。而伴随着大一统的帝国形态的出现，统治者的玉石取材开始集中指向新疆南疆的和田玉产地。国宝观念也由此必然发生改变。我们若将

"国"字与"寶"字做合并同类项的处理，其结果就剩下二者共同包含着的"玉"。要是追问一下西周统治阶层大量的玉礼器生产所用原料的出处，可以参考中国社会科学院考古研究所编的《张家坡西周玉器》一书的一处鉴定说明：

> 据对张家坡墓地出土玉器检测，这里的玉器多为透闪石软玉，其来源不限于一地，可能来自多个产地。上村岭M2009出土的724件（组）虽可分为白玉、青玉、青白玉、黄玉、碧玉等类，但鉴定发现，大部分为新疆和田玉。

这就是说，作为西周时期"国"之瑰宝的美玉，已经有大量采自遥远的新疆南疆地区的。垄断玉资源消费的是社会上层统治阶级，他们也是"西玉东输"运动的直接拉动者兼受益者。这种情况大体上自先秦时代开始，一直延续不断；至清代而达到登峰造极的程度。由于清朝派军队直接占领了新疆的玉矿产地和整个"西玉东输"

的全程路线，和田玉输送到中原的数量远远超过以往的任何一个时代。就连晚晴社会的一般小康人家，都有消费和田玉的实际能力。像帽花帽正、玉簪子、玉烟嘴、玉吊坠之类，早已变成普通民众的日常生活器物。这就使得昔日为上层社会垄断的和田玉资源，真正能够普及到民间。可谓：旧时王谢堂前燕，来到寻常百姓家。

中外游客参观北京城的首选之地就是故宫。故宫景点多多，一个必不可少的景点是乾隆皇帝的乐寿堂，其中导游一定会介绍一件国宝——乾隆御制"大禹治水玉山子"。其典故是，采玉人在新疆叶城的密勒塔山发现了这一块完整的大玉石，喜讯传至乾隆这里，皇帝下令将此一块总重五千多公斤的大玉料，完整地运送到北京城来。当时没有公路也没有能够承载这么重货物的车辆，只好用大量的马匹拉拽的方式，一步步从新疆南疆运送到北京，耗时三年，总计一千多天。据传主要的运输借力季节是在冬季，先在地面上泼水成冰，然后马匹才可以在冰上面拖得动这么巨大的玉石块。而在这样艰苦条件下，马蹄在冰面上打滑摔倒在所难免，全程耗费马匹无数。

从 4300 年前修建城墙用玉礼器穿插在墙里，到清代统治者不惜耗费大量人力物力求取 4000 公里之外的巨大玉料，两件事相隔的是中国的整个成文历史：一件发生在第一王朝夏代建立之前，一件发生在封建王朝的最后一个朝代——清代。其间的时间距离达 4000 年之久。将这两个文化奇观合起来看，确实能够非常有力地证明华夏文明之特质，见证玉与国的不可分割之对应关系。

世界文明视野中的华夏国家特质

由深远的玉文化先启动的神话信仰和观念统一进程的存在，对华夏文明独有特质的形成带来"基因"层面的影响，这一点，只有通过文明比较，即从世界文明大视野展开对照性的认识，才能看得更加清楚明白。

世界四大古文明中，最早出现的苏美尔-巴比伦文明和埃及文明均属于地中海文明，其发展的最终结晶是作为西方文明之始的克里特—迈锡尼和希腊文明。在欧亚大陆东部稍晚出现的另外两大文明，即是南亚的印度文明和东亚的华夏文明。

从全球视野看，文明城市的起源要素之一，是所谓"王宫经济"（20世纪史学的年鉴学派代表人物布罗代尔语）。即在满足社会群体的基本生存需要之后，对社会统治阶层所认同的某些奢侈品宝物的追求与积累，拉动权力与财富同步增长的经济贸易活动。由于早期的文明城市之形成，多以宗教性建筑即神庙为中心，早期国家政权的建构以神权为基石，社会统治活动体现为祭政合一的特征，所以由神话信仰驱动的宗教奢侈品生产，催生发达的手工业和资源贸易及运输活动，成为文明演进的重要拉动力。神话宝物的生产所需要的特殊物质资源——黑曜石、青金石、绿松石、半宝石、各种玉石乃至雪花石膏和大理石，率先登场。其中有少部分原料是就地取材的，多数则需要跨国、跨地域地开采、运输、交易。如古埃及文明在西奈半岛大量开采绿松石矿；苏

　　　　　　　　　　　　　　　　玉石里的中国

美尔文明从远在中亚的阿富汗山区进口青金石原料；华夏文明则从远在新疆昆仑山地区的和田索取和田玉材料。从王权国家所在地到玉石原料产地之间，往往相距甚远，长达数千公里。玉石神话与玉石崇拜所拉动的生产和运输行为，构成新石器时代后期最重要的经济变化和社会变革，随后引出的是对铜矿石、锡矿石、铅矿石、金矿石、银矿石等金属矿物的新认识。从神话化的玉石崇拜到神话化的金属崇拜，其实是一脉相承的人类精神活动。由其催生的冶金生产终于把人类从史前期的石器社会引入文明国家的门槛。从文化的连续性上看，青铜时代取代石器时代，只是由于人类从长期开采使用石器的经验中新发现有一部分特殊石头是可以冶炼融化的。女娲炼石补天的神话显然是在这一新发现的冶铸技术基础上产生的。

西方考古学界曾经在石器时代到青铜时代之间划分出一个过渡性的"铜石并用时代"，大致相当于中国学者所提出的"玉器时代"。华夏神话中有黄帝"以玉为兵"的文化记忆，并非偶然。要弄清楚公元前 2000 年的地中海文明和东亚文明起源情况，这些区分性概念的有效性毋庸置疑。笔者还提出一个"资源依赖"的概念。其关键点在于说明，伴随着青铜时代的到来，地中海文明起源期的资源依赖如何从各种玉石材料过度和转移到新兴的金属材料。尤其是对晚出的希腊文明而言，当其各个主要城邦在希腊半岛崛起之时，整个地中海文明早已经完成了从铜石并用时代到青铜时代的过度。希腊神话的历史溯源以远古"黄金时代"为开篇，以"白银时代"、"青铜时代"和"黑铁时代"的循环运行为特色，这就充分表明冶金生产所需要的各种金属之价值，在物以稀为贵的估价原则下排列出明确的高低贵贱次序，并象征性地投射为古希腊人的神话历史观。以上情况表明，在中西神话中都折射着文明初期丰富的历史文化信息，需要结合考古新发现的实物证据，重新展开梳理和诠释。

对于学界而言，那种将神话传说看成文学虚构的旧观点，需要放弃。只有这样，才可有效回到文史哲不分家的立场。文学人类学一派强调重建看不见摸不着的

"文化文本"，意在通过神话和考古的对证方式找回失落的历史脉络。

中国儒家倡导的和平主义理想，充分体现在"化干戈为玉帛"的话语中，探究其话语产生的史前史真相，首先需要把握三代以下玉礼器体系的生产需要，华夏早期国家资源依赖下的"西玉东输"的路线图，以及对"玉石之路黄河段"的实地考察。这些研究对于深入理解华夏文明本源的精神信仰要素，至关重要；对于重开"丝绸之路"和"玉石之路"的国家战略，重树中国文化的国际形象，均有重要的启迪作用。

玄黄赤白四色递进

从世界文明古国发生的对照中，有助于理解"玉文化先统一中国"理论命题的思想内涵，意识到玉文化"风景这边独好"的深层次原因。如果要加以细分的话，还需提示玉文化统一中国过程中先后产生的两层含义。

第一层含义，是指从总体上看的玉石神话信仰传播覆盖东亚各地的全过程：从近万年前开始，至距今4000年时完成。第二层的含义，特指在距今3000年时发生的变化：在此前的玉文化统一基础上，某一类玉石出类拔萃地成为顶级圣物，即和田白玉独尊局面的形成。由此带来新疆和田特产羊脂玉为代表的白色玉石崇拜，后来居上，压倒此前延续数千年的各地出产之杂色玉石崇拜的悠久传统。

第一层含义的玉文化统一，完成在前中国文明的史前期，其作用是为拉动中华文化认同找到核心的聚焦圣物，从物质方面到精神方面。这过程足以体现"玉成中国"原理的深刻内涵。在白玉独尊的崇拜意识发生之前，史前期各地玉文化的玉石原料色彩大致可分为深色玉和浅色玉。用古汉语中现成的颜色二分法词汇，可概括为玄玉与黄玉。"玄"代表墨色、墨绿色、青灰色等所有深色调者；"黄"则代表所有浅色调者。从北方兴隆洼文化玉器和红山文化玉器的用料情况看，玄玉和黄玉两种透闪石玉料基本处于平分秋色的状况。二者之间虽无高下之分，但是一些高等级墓葬出土的圆雕玉器如神人像和龙凤合体玉佩等，皆用精美的黄玉。等到周边玉文化影响下的中原玉器时代开启的5300年前，则是玄玉即墨绿色蛇纹石玉料的一统天下。因为那时的"西玉东输"仅限于将渭河上游的鸳鸯玉资源输送到中原，其他优质透闪石玉料还没有被中原先民所发现和使用。到距今4500年至4000年时，大批量的浅色透闪石玉才依次输入中原。我们将中原玉文化发生期的这种变化过程视为先玄玉后黄玉的递进过程。

第二层含义的玉文化统一，是唯一的白玉种类从众色玉石中脱颖而出的过程，其结果便是成为华夏文明国家的最高统治者最青睐的圣物。由此也重新升华出中国式的完美精神理想——白璧无瑕。与白玉资源大约同时或稍早传播到中原的，是一种来自更加遥远的境外的酒红色玛瑙珠。因为其资源传播的数量有限，并没有从根本上改变华夏玉色的总体格局，只是对其丰富性有独到贡献。笔者按照古汉语习惯将此类红玛瑙称为"赤玉"或"琼"。赤玉与白玉同时批量被引入中原玉文化的情况，可以概括为"玄黄赤白"的四色递增过程。此后的玉文化历经文明史上的一个个朝代，而白玉独尊的情况再也没有改变过。笔者据此将白玉输入中原带来的观念大变革称为"玉教的新教革命"。

一个古老文明的价值谱系一旦形成，有着长久的稳定性。就史前玉文化发展的数千载而言，各个颜色的玉石，本来都被视为珍稀资源，大体上并无优劣高下之分。在女娲炼五色石以补天的上古神话叙事中，五色之间也没有优劣高下之分。换言之，五种颜色，是平起平坐的关系。可是到了战国时代成书的儒家六经之一的《礼记》中，"天子佩白玉"的规定，已经写成白纸黑字，不容置疑，也不容再混淆了。这样一来，只有白色这一种颜色的玉石获得鹤立鸡群的价值凸显效果，从先秦时代一直延续到清王朝的覆灭，始终成为华夏价值谱中排位第一的圣物。当曹雪芹要夸赞贾府财大势大的令人艳羡状况，只需用"白玉为堂"四个字，就画龙点睛一般完成了任务。当清代社会的富裕人家出嫁女儿时，如果嫁妆盒里没有一对精美的和田白玉镯子，那肯定是一件很没面子的事吧。而对于小康以下水准的平民人家，其财力或不足以置办嫁妆用的一对白玉镯子，那就备上一对青玉的或青白玉的手镯，这依然不失为是退而求其次或聊胜于无的选择。

石峁遗址外城东门址外瓮城北端东侧石墙内玉铲出土状况，孙周勇供图

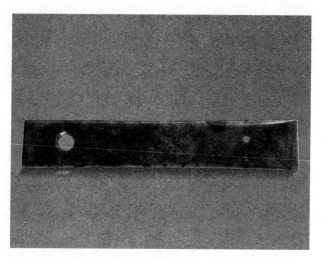

延安芦山峁出土龙山文化双孔玉珪，距今 4000 年。

玉石里的中国

紫禁城乐寿堂内的乾隆御制大禹治水
山子，玉材为整块的和田玉大籽料，
采自新疆叶城，耗费三年时间运输到
北京。

三星堆二号祭祀坑出土商代玉璋

六 "国"的隐喻

玉礼器：原编码中国

"六器"说的推陈出新

如前所述，我们既然已经明白，自古生产的各种玉礼器，都是华夏文明所特有的神圣性意义的编码方式，本章的内容就以其象征意义的解码为主，说明古人为什么会生产与使用该类玉器。过去的玉学研究盲目尊崇《周礼》的相关学说，将其"六器"说奉为上古时期华夏国家用玉制度的标配说明。如今，我们终于得以借助大量周代出土玉器实物的情况，来做出新的权衡判断——

《周礼》并不能真切反映西周时代的用玉制度，而是有很大偏差。"六器"说肯定不是西周以来的原生态的玉礼器组合，而是在秦汉时代重"六"的文化偏好背景下，派生出来的玉礼器体系观。

以下我们将《周礼》"六器"说视为在文献史学的时代里真假难辨的陈旧说法，目的就是要与时俱进和推陈出新，依据新出土的玉礼器实物情况，重建新的六器体系说。

旧的六器说，其内容是专指六种上古时期最基本的国家级玉礼器组合：琮、璧、圭、璋、璜、琥。六种玉礼器的使用模式是，分别用来祭祀天地和四方，即以六器对应宇宙的六合空间——东南西北上下。除了器形的对应之外，《周礼·春官·大宗伯》还同时强调六器在六种颜色上的对应：

　　以玉作六器，以礼天地四方：以苍璧礼天，以黄琮礼地，以青圭礼东方，以赤璋礼南方，以白琥礼西方，以玄璜礼北方。（贾公彦等《周礼注疏》，阮元编《十三经注疏》，北京：中华书局，1980年，第

762 页。)

至于为什么用这六种玉器来分别祭祀天地四方，汉儒郑玄的注释给出标准版解答："礼神者必象其类：璧圜象天；琮八方象地；圭锐象春物初生；半圭曰璋，象夏物半死；琥猛象秋严；半璧曰璜，象冬闭藏，地上无物，唯天半见。"从郑玄注释看，六器的制作原理遵循着神话思维的类比原则：即用象征对应的方式，将不同的玉器制作为天地和四方四季的对等符号。圆形的玉璧是天的符号；方形的玉琮是地的符号；玉圭是东方和春天的符号；玉璋是南方和夏天的符号；玉琥是西方和秋天的符号；玉璜是北方和冬天的符号。汉儒郑玄在这里所做的，是出于纯粹想当然的推理，还是有所根据呢？就以玉琮在约 5000 年前的良渚文化中起源的情形看，最初的琮脱胎于方形镯子，原是戴在人手腕上的。根本不会有什么"八方象地"的意思。如此看来，郑玄显然没有调研的功夫和实际根据。不要说郑玄的时代，就是春秋时期最为好古和博学的孔圣人，也只说"夏礼吾能言之"。至于比夏朝更早的古代礼制情况呢，孔子也没说他知道，那显然是他不知道了。玉琮始于 5000 年前，若不清楚先夏之玉礼，又何能称"吾能言之"？

好在 20 世纪的考古大发现，提供了认识古礼源流的大传统新视野，让我们对先夏之礼，也终于可以说出"吾能言之"的自信话语。

早在千年之前的北宋时期，大文豪苏轼就在《洗玉池铭》提出如下见解："秦汉以还，龟玉道熄，六器仅存，五瑞莫辑。"苏东坡所说的"龟玉道熄"，指的是以龟和玉代表神灵的深远传统被迫终结了，神圣礼器沦落为被后人玩赏的宝物而留存下来。玉礼器原来承载的代表天命和神意之符号功能都失传了。苏轼的这个判断，具有高屋建瓴的历史洞察力。不熟知本土的远古玉文化奥秘，就无法做出此种判断。他以秦汉大一统国家的出现为时代界限，认为"六器"和"五瑞"所代表的神圣大传统终于到此而截止，后人唯有欣赏这些徒有其表的圣物外观，却弄不明白其所蕴含着的信仰和观念。

如今，我们比苏轼有更有利的历史认知条件，要拜

玉石里的中国

中国考古学之赐。若把考察的目光转移到商周时代以前，分别审视六器在史前文化中的萌生和流传情况，就能够大致明确：文化大传统的玉礼成分，哪些在向小传统的演进过程中保留下来（有原样保留的；也有变样保留的），哪些玉器又被剔除淘汰，未能流传后世。

"六器"说的大传统渊源和流传

玉璧：红山文化（北狄），崧泽文化和良渚文化（南蛮），大汶口文化（东夷），龙山文化和齐家文化（西戎），陶寺文化。

玉琮：薛家港文化、良渚文化（南蛮），齐家文化（西戎），陶寺文化。

玉圭：龙山文化，陶寺文化，龙山文化，二里头文化。

玉璜：兴隆洼文化、红山文化（北狄）、河姆渡文化、马家浜文化、崧泽文化、凌家滩文化（南蛮），大溪文化（巴蜀），良渚文化（南蛮），仰韶文化、龙山文化和齐家文化（西戎）。

玉璋：大汶口和龙山文化（东夷），越南、香港（南蛮），龙山文化（石峁）和齐家文化（西戎），三星堆（古蜀）、金沙（古蜀）

玉琥：凌家滩文化虎形璜，石家河文化玉虎头，西周玉琥。（《左传·昭公三二年》："赐子家子双琥。"孔颖达疏："盖刻玉为虎形也。"）

在旧的"六器"体系中，玉琥一项，基本不能构成具有普遍性的玉礼器标配模式中的一种，应该是西汉时期作者根据猜想而后加进西周礼器中的。即使玉琥在史前的凌家滩文化和石家河文化中都有星星点点的原型呈现，但毕竟不能构成完整而确凿的传承链条。

有关不同玉礼器的用途，唐人段成式《酉阳杂俎·礼异》说："古者安平用璧，兴事用圭，成功用璋。"这是说三种不同的玉礼器有不同的功用。参照璧琮组合发源时的良渚文化墓葬，可知唐代人的猜测没有实物的根据。班固《白虎通·文质》则说："璋之为言明也。赏罚之道，使臣之礼，当章明也。"这是用谐音原理来解释玉璋的隐喻意义。其实玉璋的使用情况并不理想，在夏代灭亡之后，中原国家基本不用，只发现有零星的残余而已。班固所处的汉代早就不再生产和使用玉璋了。他的说法也只能是后人之推测。

至于玉璜的用途，除了礼书中的各种解释以外，汉代文豪张衡还做出过一种音乐学的解释。其《思玄赋》云："昭彩藻与琱琭兮，璜声远而弥长。"从考古发现材料看，在六器之中，玉璜的出现无疑最早也最普遍。难道是玉璜所发出的美妙声音，让初民以为是天神的声音？苏轼《峻灵王庙碑》也有个说法："古者王室及大诸侯国，皆有宝，周有琬琰大玉，鲁有夏后氏之璜，皆所以守其社稷，镇抚其人民也。"借用神圣玉礼器镇守社稷和人民，其实也就相当于让神明监护人世的生活。这就相当于解说了所有玉礼器的生产初衷和通用功能。由于甲骨学家在甲骨文"龙"字与"虹"字之间发现相似性，遂解读出古人对彩虹这种自然现象的神话化想象结果：神龙介于天地之间的形象与玉璜为天桥的形象，就这样重叠合一了。

再从天垂象的意义去思考，彩虹架设在天和地之间，东亚史前先民似乎从中看到沟通天地的神圣生物使者——龙的出现。他们还会联想：在没有彩虹的时候，龙又去哪里了呢？所谓龙能"潜渊"又能"升天"的想象，就这样产生出来。若用更加实在的符号物来表示天地中介者龙的存在，就有了华夏史前文化中玉璜的普遍生产。神话想象的生物龙，和被神话化的物质——玉石，就这样早早地在大传统中结下不解之缘。湖北荆州熊家冢出土的一件神龙载人升天的变体玉璜，即是由虹桥虹龙一类想象催生的玉雕艺术的代表性表现。

当我们完全依照神话学的原理解读出玉璜等礼器的底牌意义时，再去看《周礼》所云六器礼四方天地六合的功能，就明显意识到：如此严整的祭祀玉礼系统，真会让人感到天衣无缝一般的合理和威严。只可惜，过去的学人根本不知道阴阳五行理论系统是在战国百家争鸣的背景中新鲜出笼的，西周时代还不可能产生这样系统的宇宙论观念。六器说的破绽就由此露出。

从上古思想观念的源流演变情况看，旧的六器说，无非是战国时期流行的五色对五方的阴阳五行观念的某种升级版而已。升级的方式也很简单，即在原有的模式数字"五"之上，再添加一位数，变成模式数字"六"而已。我们如今不再认为它是对西周国家玉礼器的真实写照，理由很简单，在所有已经发掘出土的西周高等级墓葬中，迄今还没有看到一座墓葬的随葬玉礼器是按照六器模式来安排的。换言之，没有一处西周或东周的墓葬中同时出现过琮、璧、圭、璋、璜、琥的玉器组合。唯一的例外出现在西汉时代，甘肃礼县鸾亭山西汉祭祀遗址，发现六器共在的情况。这样看，新发现的考古实物等于对旧六器说做出事实胜于雄辩的反证：六器同在的玉礼组合体系，不是周礼，而是汉礼。

新六器说：玉礼器五千年源流总谱

既然过去权威的礼书经典叙事内容遭到质疑，那么玉礼体系的原初编码过程究竟是怎样的呢？下面是笔者依据出土文物的实际情况，重新编排出的一个新六器说从史前长三角到中原国家夏商周的源流及演变阶段：

第一阶段：马家浜、河姆渡三器——钺、璜、玦

第二阶段：崧泽文化六器——钺、璜、玦、镯、龙、珩

第三阶段：良渚文化六器——钺、璜、璧、琮、锥、冠

第四阶段：龙山或夏礼六器——钺、璜、璧、璋、刀铲（圭）、璇玑

第五阶段：商礼六器——钺、璜、璧、琮、戈、柄形器（圭）

第六阶段：周礼六器——钺、璜、璧、琮、戈、柄形器（圭）

以上六器的发展演变过程，前面四个阶段皆为文化大传统，后面两个阶段方才真正进入到文字书写小传统。源

流关系非常清楚明了，大大超越《周礼》时代和解经的汉儒时代的书本知识范围。第一阶段的马家浜文化和河姆渡文化，是长三角地区距今 7000 年的考古学文化，其年代之早，大致相当于没有玉礼器的中原仰韶文化初期。玉玦玉璜这两种玉器，无疑都是来自北方兴隆洼文化玉器。第二阶段的崧泽文化，距今 6000 年至 5100 年，始将二器发展为五或六器，即基本奠定了六器的规模和雏形。其中，龙，即玉龙，在古汉语中有个专门的字"瓏"。《说文解字》云："瓏，祷旱玉，龙文，从玉从龙，龙亦声。"可知瓏是为应对旱灾而举行的祈祷仪式用的玉礼器，不宜视为美化生活的装饰品。近年新发现的崧泽文化玉龙是迄今所知南方最早的一批玉雕龙。其后被良渚文化所继承和发扬。在距今 5100 年至 4100 年的良渚文化时期，六器已经齐备，其中钺与璜二器是继承崧泽文化而来，璧是继承红山文化、大汶口文化和凌家滩文化玉器而来；其余三种——琮、锥、冠——则是良渚文化的创造。这三器中唯有琮被后世的龙山文化和中原文明所继承，而玉锥形器和玉冠形器的传统，则伴随着良渚文化的灭亡而消亡了。

需要特别说明的是，上古的玉兵器与玉礼器其实很难截然分开，二者关系是你中有我，我中有你。之所以被学界区别对待，主要还是囿于《周礼》旧六器说的权威地位，无人敢挑战而已。凡是没有进入"六器"种类的玉器，就不敢贸然当做礼器来看待了。这就是商周两代出土玉器中大量的玉戈，竟然一直被排除在玉礼器之外的主要原因。如今我们必须尊重出土文物的客观现实，放弃《周礼》旧六器说，重建新的六器说。准此，则发源于龙山文化，在商代周代大盛的玉戈和玉柄形器，都要理所当然地回归到玉礼器之中，不再视为玉兵器或一般的玉饰品。因为古人绝不可能用珍稀的玉料特制成的玉戈拿到战场上当实用武器去杀敌。玉戈从其起源地石峁古城的情况看，就和玉铲玉刀等刃器一样，专用于充当精神武器起到辟邪的功能。到商代以后还衍生出金玉结合的铜内（柄）玉戈，镶嵌绿松石的铜内（柄）玉戈等。面对如此奢华的高等级权力象征物，我们还能拘泥于旧说，将其当成作战用的兵器吗？

最为持久不变的玉礼器是三种：钺、璜、璧。

最短命的是玉礼器是五种：冠、锥、琮、璋、璇玑。

最缺少古汉语命名的玉礼器三种：冠、锥、柄形器。

最缺乏原创性的玉礼器发展阶段是第六阶段西周时代，几乎完全照搬式地继承商代传统。在最短命的五种玉礼器中，玉冠饰一种，作为装点在人头部的玉礼器符号，早在华夏文明国家建立之前，便随着良渚文化的消失而无影无踪了。只是到明清时代又变相地以玉帽花玉帽正的形式，死灰复燃。同样命运的还有仅在良渚文化中辉煌一时的玉锥形器。玉璇玑则流行于龙山文化和夏代，在商周两代遗址文物中虽偶有遗留物发现，却已经失传其本来意义和功能。琮和璋的情况也大体类似，不过这两种玉礼器的实物流传不远，其名称却在古汉语中占据着高频词语的位置，不像玉冠和玉锥形器、玉柄形器等，连个古汉语名称也没有流传下来。"璋"字的流行，借助于合成词"圭璋"的流行；"琮"字的流行，则除了借助于"璧琮"或"琮璧"的合成词以外，还在宋代以后借助了一种模拟玉琮而生产的观赏用瓷器——琮式瓶。玉礼器为何成为华夏文明原编码，可以从这个派生的器物琮式瓶上得到很好的说明。不过早在许慎写《说文解字》的东汉时代，琮的礼器本义已经丧失殆尽，不然的话，他也不会说出这样的比喻："似车杠"。文化的内涵早已随着玉琮的废弃而失传，琮式瓶徒有一个兼具方圆的华美端庄之外形，留给后代人做审美的摆设，以及发思古之幽情！

可以说，在20世纪后期良渚文化玉琮从地下发掘出土之前，古人根本不知道这种"似车杠"玉器的底蕴是什么。在清代最高统治者康熙乾隆的宫里，早有帝王珍藏的良渚文化的玉琮在，不过即使对熟知文物收藏的乾隆皇帝而言，那也只不过是莫名其妙和不知所云的玩意而已。这是时代的局限所在，一切，只能等到大传统中国视野在20世纪被打开。

玉文化先统一长三角，再统一中国

这是根据史前玉礼器系统化过程的新认识，对玉文化先统一中国说的必要补充。旨在具体说明玉礼器如何经历其数千年的漫长传承中过程，最后才落户于中原王朝的。

从玉礼器组合情况看，良渚文化的独特贡献之一，是玉冠及冠形器，包括三尖冠和玉梳背。后者在相当时间里也称为玉冠形器。1999年浙江海盐县出土良渚文化完整的象牙梳，在象牙上镶嵌为梳背的便是玉质冠形器，上面还雕琢出羽冠神人兽面纹。由此，在考古学界这种玉冠形器才被改称"玉梳背"。这件象牙梳的形状，是细长条形的，完全不利于梳头之用，更可能是插在高高盘起的头发中用的。它确有梳子的外观，但其实际功能还是承载神话观念意义的冠状器。

至于良渚文化先民为什么对冠如此青睐，神话仿生学的视角给予具体说明：人无冠而鸟有冠，崇拜鸟的结果，就是模仿鸟冠而制作人头顶上方的冠状器。生怕你不知道这冠是模拟鸟神的象征，冠上还刻画有精细鸟羽的形象。这就是反山M12出土"玉琮王"上八个羽冠神人像所潜含的信仰和神话底蕴吧。

周代玉礼器体系，如果不拘泥于六器旧说，也不看今人所划分的礼器与非礼器之界限，而是按照周代高等级墓葬中出土的数量多少来排序，那就是如下的十二种，而其中九种都可以溯源至良渚文化玉器：

1. 玉鱼、2. 玉柄形器、3. 戈、4. 璜、5. 龙、6. 人像、7. 璧、8. 钺、9. 圭、10. 蝉、11. 琮、12. 玉覆面。

玉琮在周代虽然也有，但是相比其他玉器，只是偶尔一见，多为前代生产的遗留物，西周时代已经基本不再规模性地制造玉琮了。源于良渚玉礼器的玉琮，其神话信仰观念及其祭祀功能在周代已经濒临失传。

长三角地区史前的良渚文化本地"六器"中，有五器直接或间接进入华夏王朝玉礼器体系，只有玉冠这一项被终结在文明起源之前。这就是为什么说玉文化先统一长三角，再统一中国的重要理由。同样，始于长三角地区崧泽文化和良渚文化的鸟形陶器如陶鬶、陶斝和陶盉等，也都先后传播到北方和中原地区，成为夏商周青铜礼器的原型。

玉石里的中国

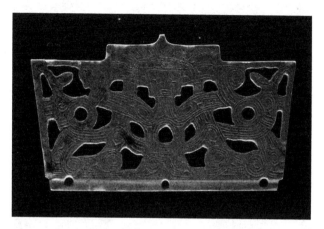

良渚文化玉冠形器

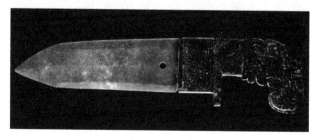

殷墟妇好墓出土镶嵌绿松石铜内玉戈

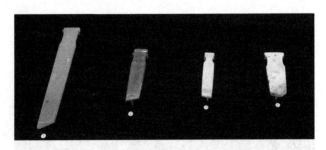

二里头文化玉柄形器

良渚文化玉背象牙梳

玉石里的中国

良渚文化玉琮

良渚统治者戴羽冠复原图

捌

典籍：再编码中国

汉字符号系统功能的体现是以甲骨文的占卜应用为起始的，而在殷商时代用龟甲兽骨做占卜之前，以玉为占卜的情况早已经在南北方各地得到普及。在甲骨文金文之后，汉字被应用于书写竹帛，遂有了最早的典籍。新世纪以来的文学人类学派将华夏早期典籍称为三级编码，甲骨文汉字是华夏文明的二级编码，先于汉字的图像和玉礼器等才是一级编码。史前以玉器占卜，属于文化符号的一级编码；20世纪以来陆续发现总计十万片甲骨文占卜记录，视为二级编码；而《书经》《诗经》《礼记》《春秋》等一切原典，皆为甲骨文之后的再编码，即三级编码，其下限大致以秦统一中国为界。秦汉之后，写作之风逐渐流行普及开来，则应视为后经典时期的写作，以之前的三级编码为原型或基础，此类汉字写作现象统称为 N 级编码。如此看，本节讨论中涉及的作为上古华夏原典的《诗经》《山海经》和《礼记》的三级编码中的玉文化呈现，以及在秦汉之后书写文本的 N 级编码中的玉文化呈现，如最初的字典书《尔雅》和《说文解字》等，都是古老文化传统的再编码现象。

从《礼记·玉藻》的玉礼叙事、《山海经》140 处玉产地叙事，到最早的字典《说文解字》玉部，再到后来的字典《玉篇》、诗集《玉台新咏》和文集《玉烛宝典》，以玉作为典籍分类体例和书名的现象，比比皆是。原因就是玉文化作为华夏文明一级编码的地位无可替代，其符号的原型功能，一定会在后世的文字再编码过程中反复出现。《玉烛宝典》序说明其得名原因是：

案《尔雅》"四气和为玉烛"，《周书》武王说周公推道德以为"宝典"。玉贵精，自寿长宝，则神灵滋液，将令此作义兼众美，以《玉烛宝典》为名焉。

编著者杜台卿，字少山，博陵曲阳人。他少好学，博览书记，解属文。仕齐奉朝请，历司空西合祭酒、司徒户曹、著作郎、中书黄门侍郎。性儒素，每以雅道自居。及周武帝平齐，归于乡里，以《礼记》《春秋》讲授子弟。开皇初，被征入朝。采《礼记月令》，触类而广之，编为《玉烛宝典》十二卷。

四书之一的《大学》，本为《礼记》中的一篇，其开篇云：

> 大学之道，在明明德，在亲民，在止于至善。知止而后有定，定而后能静，静而后能安，安而后能虑，虑而后能得。物有本末，事有终始。知所先后，则近道矣。

玉的第十德是"德也"，第十一德是"道也"，全包

括在内了。《大学》之道就在"明明德",也就是君子的
修身养性方面。再看如下的君子人格修养论说:

> 《诗》云:"瞻彼淇澳,菉竹猗猗。有斐君子,如
> 切如磋,如琢如磨。瑟兮僩兮,赫兮喧兮。有斐君
> 子,终不可喧兮!""如切如磋"者,道学也。

这段文字意在借助《诗经》的成句,说明文质彬彬
的君子是如何像切磋琢磨美玉一样,通过品德修炼的功
夫,最终达到内心高洁而外表堂堂的。这样的儒家君子,
才是治国平天下大业所需要的栋梁之才。用加工玉器的
实践功夫比喻君子的成长,与孔子的言传身教密不可分。
《礼记·聘义》讲到子贡问孔子玉贵碈贱("碈"又作
"珉",四川汶川等地产的次等玉石)的原因,孔子的回
答依次列举出玉的十一德,下面专门在引文中标注阿拉
伯数字(1—11),以示十一德说的展开次序:

> 子贡问于孔子曰:"敢问君子贵玉而贱碈者,何

也？为玉之寡而碈之多与？"孔子曰："非为碈之多故贱之也，玉之寡故贵之也。夫昔者君子比德于玉焉：

1. 温润而泽，仁也；

2. 缜密以栗，知也；

3. 廉而不刿，义也；

4. 垂之如队，礼也；

5. 叩之，其声清越以长，其终诎然，乐也；

6. 瑕不掩瑜，瑜不掩瑕，忠也；

7. 孚尹旁达，信也；

8. 气如白虹，天也；

9. 精神见于山川，地也；

10. 圭璋特达，德也；

11. 天下莫不贵者，道也。

诗云："言念君子，温其如玉。"故君子贵之也。

儒家孔门有关玉德的这种理论，虽属文化大传统基础之上的伦理道德化再编码，但却对于后世人看待玉的文化价值产生重要影响。以孔子所形容的第一德"温润而泽，仁也"为例，儒学的核心思想"仁"，就这样一下子被归结为玉原有的品德。泽意为濡，濡儒二字同音而形似，一个泽字的定性，就把玉与儒家观念等同为一体了。儒家主张祖述尧舜，宪章文武，倡导礼乐和仁义。温润，润泽，这些原本形容玉石特征的词语，经过"君子比德于玉"的转换之后，也都变成人格理想的写照。以毛泽东的尊名和尊字情况看，家长给孩子起名时，一般都照例要遵循文化再编码的惯习："毛泽东，字润之。"毛为姓，是无可选择的；泽和润，显然是毛泽东的父亲为孩子精心挑选的儒家君子人格理想之比喻用词。如果有兴趣对照一下国人常见的花名册，就不难看出孔子解说的玉之十一德及相关用字如何在国人命名取字中得到空前的普及。不仅是华夏和汉民族的命名如此青睐玉文化的词语，就连诸多少数民族的取名用字，也会趋之若鹜一般聚焦于华夏玉文化。蒙古族的龙梅、玉荣事迹，在媒体界早已久负盛名。笔者评审《中国民间文学大系·史诗·云南卷》终审稿，看到布朗族《创世歌》的

　　　　　　　　　　　　　　　　玉石里的中国

两位勐海县讲唱者署名：玉安、玉欣。而整理者署名则为：林璋。稍早时候评审藏族史诗《格萨尔》青海卷本，也看到古代藏族的崇玉和以玉为名情况：《中国民间文学大系·史诗·格萨尔·青海卷》中《英雄诞生》一部，其第一章《贾察攻果晁同送密信　僧伦占卦取胜德芙郭萨》，讲到总管戎擦查根有三子一女，长子叫玉潘达吉，次子叫连巴曲加，三子叫囊琼玉达，女儿取名拉姆玉珍。在这里，玉即可为姓，也可为名，还要加上从玉旁的琼、珍等字。可见少数民族名字在汉译过程中首选的吉祥字多出自玉文化大传统。

《中国民间文学大系·史诗·格萨尔·青海卷》另一部《丹玛青稞宗》，其第六章"更尕犯颜陈利害，萨江冥顽终授首"，唱到如下一段内容：丹国从太子萨江脑日吾以下，聚集在八十个柱子的大厅里商议破敌取胜之策。老臣更尕久买唱一首歌曲来提醒君臣们避免骄奢：

丹国玉曹大海以上，

有龙王邹拉仁庆的玉库，

藏着各种珍贵的宝玉，

开辟了享之不尽的财富之源。

名叫尼玛嘉参的商人，

他将一百骡子驮的宝玉，

卖给了印度，

给丹国带来了经典；

名叫达哇扎喜的商人，

他把一百牦牛驮的宝玉，

卖给了中原地区，内地汉族地区，

给丹国带回来了金银和绸缎；

名叫尕玛端珠的商人，

他将一百马驮的宝玉，

卖给了大食国，

给丹国带来各种需要的宝物。

不属藏族三个国家之地，

金银绸缎都用不完，

君臣和随从都和睦。

从中原地区，

玉石里的中国

请来了工匠吉贤汉。

从尼泊尔，

请来了石匠巴拉贤。

藏族打墙的工匠拉吾勒，

邀请众多能工巧匠，

三个国家的匠人都集中，

打下了玉宗城郭的地基，

重修了玉强城郭，

用宝玉装饰了城郭的容颜，

因此命名为玉宗让毛。

　　由以上引文可以看出，以玉为名的称谓，不是出于纯粹的修辞，而是以用玉为典故的。孔子针对玉所说的第十一德："天下莫不贵者，道也"，不仅适用于华夏本土，也在相当多情况下适用于周边少数民族地区。

　　就连古代的施教于儿童的启蒙读物，也都难免会追慕《诗经》《山海经》等言必称玉的元典惯习。南朝周兴嗣撰写的《千字文》，一上来就交代国家最重要的宝物之出处：

　　　　天地玄黄，宇宙洪荒……金生丽水，玉出昆岗。

　　把云南的金沙江出产黄金，和新疆的昆仑山出产美玉，并列陈述。

　　《三字经》则以琢玉成器作为比喻，教导孩子勉力学习的道理：

　　　　玉不琢，不成器。人不学，不知义。

　　至于明人程登吉作《幼学琼林》，书名取义于"玉树琼枝"的典故，见南唐李后主词《破阵子》。而琼字则出自《诗经》的琼瑶，特指红玉。《幼学琼林》在内容上则专辟"珍宝"一节，其词云：

　　　　山川之精英，每泄为至宝；乾坤之瑞气，恒结为
　　奇珍。

故玉足以庇嘉谷，明珠可以御火灾。

鱼目岂可混珠，碱砆焉能乱玉。

黄金生于丽水，白银出自朱提。

曰孔方，曰家兄，仅为钱号；曰青蚨，曰鹅眼，亦是钱名。

可贵者明月夜光之珠，可珍者璠玙琬琰之玉。

宋人以燕石为玉，什袭缇巾之中；楚王以璞玉为石，两刖卞和之足。

惠王之珠，光能照乘；和氏之璧，价重连城。

鲛人泣泪成珠，宋人削玉为楮。

贤乃国家之宝，儒为席上之珍。

王者聘贤，束帛加璧；真儒抱道，怀瑾握瑜。

雍伯多缘，种玉于蓝田而得美妇；太公奇遇，钓璜于渭水而遇文王。

剖腹藏珠，爱财而不爱命；缠头作锦，助舞而更助娇。

孟尝廉洁，克俾合浦还珠；相如忠勇，能使秦廷归璧。

玉钗作燕飞，汉宫之异事；金钱成蝶舞，唐库之奇传。

广钱固可以通神，营利乃为鬼所笑。

以小致大，谓之抛砖引玉；不知所贵，谓之买椟还珠。

贤否罹害，如玉石俱焚；贪得无厌，虽韬珠必算。

……

《尔雅》号称华夏第一部词典，自战国至西汉初年编定。下面是从大小传统二分的理论视野，审视其中玉文化的内容。大小传统论的基本原则：区分无文字的传统和文字书写传统，使人们对文化传统的源流变化有一种更加明晰的把握界限：大与小，先与后，深与浅，广阔与狭窄，能够做到一目了然，不言自明。大小传统理论蕴含着文化观念变革意义，即在考察远古文化源流方面，不再局限于文字记录的知识格局，不再唯文献马首是瞻。而是充分意识到在文字书写的知识出现以前很久很久，就有更加悠久深厚的文化知识存在和传承着，对此读书人以前不大知晓，也不大在意；以后则会与时俱进地更新知识观，自觉增加对此方面的关注和钻研，作为重新理解文字知识的一种深度参照系，或者称为原型性的参照系。

经过大小传统二分法的判断，一切有文字记载的东西统统被归入小传统，但是其中所记录的内容却可能有不少来自无文字的时代，即来自大传统。这就给我们重新权衡判断一部古书，带来新的视角，即看其所反映的信息是否古老，古老到什么程度，据此勘定这部书的性质。由于出土文物一般可以有考古测年的数据，据此或可以权衡判断古书讲述的远古事物是真是假，是虚是实。从内容看，《尔雅》的性质好像一部解经用的工具书。由于在宋代列入"十三经"中，获得较高的经典地位，向来为古代的知识人必读。宋儒邢昺在《尔雅注疏》（晋人郭璞注）序中说：

　　夫《尔雅》者，先儒授教之术，后进索隐之方，诚传注之滥觞，为经籍之枢要者也。夫混元辟而三才肇位，圣人作而六艺斯兴。本乎发德于衷，将以纳民于善。泊夫醇醨既异，步骤不同，一物多名，系方俗之语；片言殊训，滞今古之情，将使后生若为钻仰？繄是圣贤间出，诂训递陈，周公倡之于前，子夏和之于后。虫鱼草木，爰自尔以昭彰；《礼》、《乐》、《诗》、《书》，尽由斯而纷郁。

邢昺序中还对始为《尔雅》做注的郭景纯（郭璞）推崇备至。郭氏堪称晋代学界的翘楚，曾经给《山海经》做注；还给西晋时代河南汲县民间盗墓者从魏襄王墓中掘出的古书《穆天子传》做注。这两部书均号称千古奇书，其所记述的内容与儒家"不语怪力乱神"的宗旨大相径庭，一般学人不敢也没有能力为之做注释，郭璞却能挺身而出，不畏艰难，为之做注，博览群籍，钩沉索引，发微解难，实为我国经典注疏史上的一绝。二书中大量玉文化内容也得以在读书界流传。自从20世纪安阳殷墟卜辞中发现与《山海经》叙事十分近似的四方神名和四方风名的空间系谱，当今的学者们终于意识到，被《四库全书》编撰者归入"小说"一类的《山海经》，根本不是小说，而是夹杂着远古真实历史文化信息的古书。在现存的所有古书中，除了《山海经》，还没有哪部书中有类似的商代信息的实录。这就是新出土的"二重证据"对古书性质的重审意义。同样道理，3000多年前甲骨文中的四方风名也反过来给郭璞注解《山海经》的努力以最好的褒奖。

2012年，辽宁考古工作者发掘出距今5000年以上的红山文化玉蛇耳坠，这是中国人破天荒第一次看到史前的蛇形玉耳饰。这样真切而形象生动的第四重证据，使得《山海经》中九处"珥蛇"叙事的哑谜，一下子豁然开朗。珥蛇与珥玉（玦）的隐喻关系，也由此大白天下。这又一次见证无文字时代的大传统新知识对文字小传统古书的求证作用。

《尔雅》中训释古代玉器的一些说法和观念，很可能也是渊源有自，来自史前大传统。如对圆形玉器三种类的区分：

璧大六寸谓之宣。肉倍好谓之璧，（肉，边。好，孔。）好倍肉谓之瑗，（孔大而边小。）肉好若一谓之环。

疏：璧亦玉器，子男所执者也，大六寸者名宣，因说璧之制。肉，边也。好，孔也。边大倍于孔者名璧，孔大而边小者名瑗，边、孔等若一者名环。《左传》昭十六年："宣子有环，其一在郑商。"是也。（阮元编《十三经注疏》，中华书局，1980年，第2601页。）

这种按照中孔的大小来区分璧、瑗、环的做法，肯定来自先秦时代。《管子·轻重丁》云："因使玉人刻石而为璧，尺者万泉……珪中四千，瑗中五百，璧之数已具。"《荀子·大略》则云："聘人以珪，问士以璧，召人以瑗。"《竹书纪年》卷上讲到虞舜时代："六年，西王母之来朝，献白环玉玦。"以上三种文献分别提到璧、瑗和环。而且后者将玉环的出现回溯到虞舜时代，早于夏代，属于我们认定的文化大传统。在所有古书中，只有《尔雅》作为解释词语的工具书，第一次讲清楚三者的区别原理。根据史前期数千年的玉文化传承情况，可知玉璧、玉瑗和玉环三者至少在5000年前的红山文化和良渚文化就已存在。换言之，文字小传统中留下的玉器名目，源自大传统的宗教实践活动。每一种玉器都分别承载着、代表着玉石神话信仰和教义的某一方面。迄今为止，玉学研究已经探明：玉璧代表天和天门；玉瑗和玉环也应有类似的天人合一联想。这就预示出结合大传统新知识，重新审视《尔雅》中的远古文化记忆信息的新思路。

2012年春，辽宁省考古研究所等在北京艺术博物馆首次举办"时空穿越——红山文化出土玉器精品展"，展会现场陈列的5000年前玉礼器系列，清楚地呈现出《尔雅》区分三类圆形玉器名目的大传统渊源；就连司马迁《史记》鸿门宴叙事的范增所佩玉玦，也是远自红山文化时代就十分流行的玉佩。

以上所考察的古代典籍中对玉文化的再编码现象，若聚焦到道教方面的典籍文献，则不难看出其登峰造极的表现。

　　道家文化和道教，是华夏本土文明中具有原汁原味特色的宗教信仰传统。以往的知识界并不知道在华夏文明诞生之前就早已孕育出本土的相当于国教的一种深远的信仰——玉石神话信仰。下文简略梳理道教典籍的集大成作品《道藏》中的玉名编码现象，希望通过这样一种符号编码的视角，揭示中国文化本土特色的一面。

　　在玉文化大传统的影响下，道家（道教）对玉的认知如同《元始上真众仙记》所言："金玉珠者，天地之精也。"玉的名目在道家和道教文化中如铺天盖地一般呈现开来。以道教的神仙人物而言，就有玉女、玉童、玉郎等名目。道教供奉的天帝，直接称为玉皇或玉帝；神仙居处，则会称为玉峰、玉京、玉清、玉阙、玉宸、玉房、玉堂；道观建筑的名称，常见有玉皇庙、玉皇殿、玉泉院、玉皇阁等等。道教经籍统称玉书，或叫玉章、玉牒、玉简。道教将人体称为玉庐、玉都；将肩项骨称玉楼，头发称玉华，嘴巴称玉池，唾液称玉津或玉英。道教信仰中的神秘性动植物，则称为玉兔、玉蟾、玉树、玉芝，等等，真可谓名目繁多，五花八门，令人眼花缭乱。

在《道藏》中总体格局中，以玉为名的经典多达121部。从词汇学视角看，"玉"所涉及的领域包括了方方面面，说明玉文化对道教文化的影响之深，非一般读书人所能想象。不仅如此，玉因为被奉为天地之灵和万物之精，因此在道教中还成为最高价值的体现。《道藏·玉皇经》叙述了玉帝的来历，据说玉帝原是太上道君抱的"金婴"，赐予光严妙乐国王净德作太子。继王位后舍其国，修道于普明香严山中，功成超度。经过三千二百劫始证金仙，又经历了上亿玉劫，始证玉帝。玉帝的修炼过程是从金而玉，由此可见"玉高于金"的价值观，与《管子·国蓄》中所言的大传统价值观一脉相承："以珠玉为上币，以黄金为中币，以刀布为下币。"

《道藏·九天　应元雷声普化天尊玉枢宝经》有言："无上玉清王，统天三十六。九天普化君，化形十方界。"道教最高神灵三清天尊，有玉清元始天尊、上清灵宝天尊、太清道德天尊，其中以玉清元始天尊地位最尊，他所居住的地方为清微天玉清境。在道教的宇宙观念里，尊贵的三清境上面还有一重大罗天，大罗天中间有座"玄都玉京"，那是所有神仙的首都。

从华夏文明发生的符号脉络看，既然已经非常明确地呈现出玉礼器符号在先，甲骨文汉字在后的程序格局，那么近万年前率先发展起来的符号系统，必然对三千多年前后发生的汉字符号系统，产生原型辐射性的影响。我们已经看到第一部汉字字典书《说文解字》中排列出第六部首玉旁字共计124个这样惊人的现象；随后出现的字典书，也出现干脆取名叫《玉篇》的现象。如果拓展眼界，将扫描的对象扩大到整个东亚的汉字文化圈，情况更为令人惊讶的：古代东亚流行的汉字字典或辞书，居然一直沿用着这种以玉为名的编码惯习。

古文字学家王平教授写过一篇名为《中国玉文化对东亚古辞书编撰的影响》的报告。在她看来，从《玉篇》文献入手，可以了解中国玉文化对东亚古辞书编纂的影响，《玉篇》视角下的中国玉文化传播研究，对于目前重塑以"玉"为纽带的东亚文化具有重要意义。将字典以玉命名，反应古人对玉的崇尚和崇拜，汉字本身的隐喻性和暗示性在这里和玉形成了完美统一。有成语说"字字玑珠"，字就是玉。文字可以突破语言交际在时空上的呈现，承载历史文化和精神力量。在这点上字和玉也是相通的。

东亚文化圈有着共同使用汉字编纂汉文辞书的历史，这种持续的学术传播和交流带来了丰富的文化。从《玉篇》文献入手，可以了解中国玉文化对东亚古辞书编纂的深远影响。《玉篇》视角下的中国玉文化传播研究，对于目前重塑以"玉"崇拜为共同纽带的东亚文化圈也将具有重要意义。

东亚《玉篇》辞书起源于中国。《玉篇》的地位，在目前中国来看，现在用的楷书字，就是依据这本书，这本书统治中国大约 2000 年。《玉篇》解说字义除了本义以外，还增加了引申义。《玉篇》是南朝的顾野王所编。顾野王是一位神童，他熟读四书五经，博学多才，于是他编成这部字典。为什么用玉命名？是反映了那个时候对玉的崇尚和崇拜，字就是玉。字也像玉那样被赋予神话的灵性，如说它的神圣、灵通，这都是玉、帛、龟和字相通的特征。到了宋代有宋本《玉篇》和大广义《玉篇》。《玉篇》是中国第一部楷书字典，是中国字典文字学史上里程碑式的著作。《玉篇》在中国仅有一部，但是其在东亚所产生的重要影响，是派生出很多的同名辞书。在日本、韩国，现在对汉字的字典，汉语辞典，依然统统称作《玉篇》，从古代一直延续到现在，居然总体都没有改变过。《玉篇》现在是日韩汉文辞书的代名词。

日韩有哪些汉字辞书呢？王平教授初步统计，有75种以《玉篇》命名的辞书。韩国《玉篇》也是非常丰富的。注释文字也是用汉文注释的。如果说辞书编撰往往是文明发展标志之一，不同国家不同时代的辞书都有它物质文化、精神问题的发展印记。东亚传至今天的诸多《玉篇》，体现着东亚崇玉文化的发展进程。这和西方文明突出黄金白银和青铜等金属圣物，显然是有明显差异的。

从《说文解字》看，标题字有9000多个，玉部140多个。宋本《玉篇》标题字有2万字，玉部字277个。

韩国《玉篇》标题字1万个，玉部字182个字。尤其是同一个字，在中国的辞典中不见的义项，在那边可以找到。这就是本土文献之却漏情况。他山之石可以攻玉。

韩国的《玉篇》和日本的《玉篇》，是当时的文人消化了中国的传统文化，用我们的汉字，编了他们自学用的字典。这里不是照抄中国的东西，而是融入了他们对中国文化的认同和他们的本土化。

总结本章所述，以古典汉字典籍中所书写的玉文化情况，作为文化大传统的符号再编码现象。从《礼记》《山海经》《尔雅》《说文解字》《千字文》《三字经》《玉烛宝典》《幼学琼林》等书的情况看，以玉为宝、以玉为尊和以玉命名的正价值取向，在华夏文明中已经十分流行，所体现出的文化精神，充分代表着这个东亚古国的核心价值观。

《玉烛宝典》书影

玉石里的中国

玖

从神界到人间

玉皇及其大传统原型

　　玉石是中国人的国宝，中国人信仰的天空主神自古被称为玉皇大帝，其地位相当于希腊神话的奥林匹斯山主神宙斯。在国人习用了三千年的汉字里，"国"字有玉，珍藏的"珍"字从玉；国宝的"宝"字亦有玉。无论是繁体的和简体的"宝"字，都离不开一个"玉"字。

　　一个文化共同体的书写符号，如果是起源于象形文字系统的，那一定能够通过字形本身透露出造字时代的信息：甲骨文始创于距今3000多年前的商代，那时候已经出现"皇"与"帝"这样的崇拜概念，当时的人们是怎样看待玉的呢？玉字在甲骨文中写作三横一竖或多横一竖，文字学家认为是玉组佩的象形。看来甲骨文中的玉字偏重在物质方面。既然殷商大墓中已经出土了数以千计的玉器，甲骨文里对此是如何反映的呢？由于中原地区缺少优质透闪石玉矿资源，统治者需要从外界输入之。刘恒在《关于商代贡纳的几个问题》中认为，卜辞中有商朝统治者向其周边方国索要贡物的叙述，如"取玉"和"取珏"等都记录在案。还有以助祭方式贡入的物品："有玉，即指宝玉。可见当时岁贡有俘获的羌人，掠夺或牧养的牛羊及宝玉等。"（刘恒《甲骨集史》，中华书局，2008年，第24页。）不过尚没有迹象表明玉与天帝信仰的关联。直到东周时期才留下《国语·楚语》观射父明确说出的"玉帛为二精"等祭祀和信仰的内容。

玉皇的"皇"字，在甲骨文和金文中都有出现，《说文解字》解释为"大也"，并以三皇五帝的三皇来作初始皇王的例子，如今看来是没有从字形中看出这个古字的本来面目。自从 20 世纪甲骨文和金文大量出土以后，文字学家们先认为皇字上方是日，下方是土，合起来表现的是日出东方大放光明之意。到了 1990 年代，中国社会科学院考古研究所杜金鹏研究员根据史前玉器上的神像神徽重新解说，撰写《说皇》一文，提出皇字的本义，是以鸟羽为饰的皇王冠冕，喻指神界或人间的最高统治者：

> 在商代卜辞中，皇字均用作假借字。在周代金文中，皇字皆用作修饰词，如皇天、皇上帝、皇帝、皇祖、皇考、皇王、皇天子等，未见单独作名词者，说明商周时期皇的涵义与本义已有差异。早在约 5000 年前，我国东部地区鸟崇拜的先民已有皇王的概念。证据是良渚文化玉器上雕刻的神灵徽像有两个神像，皆着亭状冠，其中人面神像头顶竖立二根羽状饰，鸟面神象则把羽状饰横于头侧。台北故宫藏山东龙山文化玉圭 A，一面雕鸟面神像，形制与两城镇玉圭鸟面神像基本相同；另一面雕人面神像，

扇面形冠上有双层亭顶状冠徽。类似图像还见于其他传世龙山文化玉器上。台北故宫藏山东龙山文化玉圭B，一面雕鹰鸟，另一面雕鸟神像，头顶有羽翎，中央竖立一件高柄冠徽，其首部亦为双层亭顶状。如果把这些图案化的羽冠冠徽加以化简，则正与甲骨文及金文皇字上部相合。（杜金鹏：《说皇》，《文物》1994年第7期。）

本书前面章节已从神话仿生学意义上讲到，鸟有冠而人无冠，史前造型艺术中加在人头上的羽冠，无非是要表达"鸟人"或"鸟人神"这样的神话穿越性幻象和崇拜观念。如今考古学界已经根据良渚文化羽冠神徽的统一性表现，将其解释为5000年前长三角地区类似一神教的上帝形象（刘斌：《神巫的世界——良渚文化综论》，浙江摄影出版社，2007年，第69页。）。出现此类神徽的神圣载体几乎都是高等级墓葬出土的玉礼器，这无异于将鸟人形上帝的神圣性与玉的神圣性叠加起来。由此可以将羽冠鸟人神徽，理解为文化大传统为后世的至高主神信仰所提供的原型，即天帝、上帝或道教玉皇大帝的史前雏形。杜金鹏研究员从出土文物图像出发重审汉字的古文字本义之做法，是值得借鉴和推广的研究方法。

根据羽冠神人像的 5000 年传统，中国神话研究的格局，已经可以从纯文献式的和纯文学式的研究小圈子中突围出来，走向艺术史、认知考古学和文化溯源研究的广阔领域。除了用平面阴刻方式雕琢出的神像以外，良渚文化还有用玉石圆雕的戴冠神人像制作传统，如江苏昆山赵陵山 M77 墓葬出土的高羽冠顶鸟神人玉雕像；吴县张陵山 M5 出土高羽冠人像和高淳县朝墩头遗址 M12 出土戴冠人玉雕像等，皆为其例。这给玉皇、玉帝之类本土信仰名目的深度认知，打开一扇通往史前史的窗口。

正是由于史前大传统神像神徽造型的深厚积淀作用，使得华夏文明的本土宗教信仰发展并没有像希伯来文明和西方基督教文明那样排斥对至上神的偶像崇拜。不仅道教信仰的玉皇大帝是以人的形象塑造的，就连从印度和中亚传播而来的佛教方面，也会遵照本土传统的惯例，创作出诸如玉佛、玉佛寺、玉观音等众多与传统玉文化相攀附、相融合的名目，不胜枚举。是有玉雕偶像崇拜大传统的华夏文明接纳了有"像教"之称的外来佛像塑造传统，并将其发扬光大。

延平宫郑成功神像

我国新石器时代所形成的玉雕神徽和神像的大传统，借助于文化惯性的巨大影响力，一直持续到当代。内地因"文化大革命"而使得神灵崇拜的偶像传统遭遇断崖式的中断，各地的各种民间庙宇和古老偶像几乎被扫荡一空。可是在华夏传统文化和信仰未曾遭遇破坏的台湾岛上，形形色色的民间信仰自清代以来保留完好，吸引着世界各地的民俗学家和文化人类学家前来采风调研，并获得了"人类学家的天堂"之美称。2009年笔者在台湾中兴大学客座任教期间，下乡调研，走访宝岛各地的诸多神庙和祠堂，对台北市郊的延平宫留下深刻印象。

延平宫有一件号称世界第一的整体雕刻的和田玉神像，是一位台商在新疆和田承包开采玉矿的工程时，因获利丰厚，要感恩回馈，将一件重达5000多公斤重的巨大碧玉籽料无偿捐赠给台北的延平宫，再聘请名师将这一块巨大玉料雕琢成整件的塑像——郑成功像。

可惜的是，一般的旅行团到台北，主要看阳明山的故宫博物馆展览，根本无暇到访这边山间的延平宫。对于郑成功，国人都从历史课本中知道他是从荷兰殖民者占领下收复台湾的民族英雄，可根本不知道在完好保留着信仰传统的台湾，郑成功早已被民间敬奉为神灵，如同关帝庙、财神庙、文庙中享受香火供奉不断的关云长和孔圣人。

东汉以后逐渐流行于中国的佛像造像运动，最初基本上采用石雕技术塑造石佛形象，因为取材的普及性和便利性，可以在体积上不断超越，最后成就云冈石窟、龙门石窟这样的世界级雕塑艺术瑰宝。而用珍贵的和田玉造像，虽然历朝历代都有尝试，却受限于原材料的稀缺性，可遇而不可求，一直没有超过真人大小的整雕佛像出现。在"男戴观音女戴佛"的民间信仰风潮的巨大拉动作用下，作为佩饰、挂件和摆件的玉佛像早已普及，多到不计其数的地步。但是体格巨大超过真人的玉雕像，还是非常罕见的。如今这一件和田玉碧玉整块大玉料所雕成的郑成功像，堪称史无前例。据说这尊郑成功像开光之后，延平宫的香火大盛起来。

至于现实中的人物为何会被奉为神明并供奉在庙中，台湾学者吴佳桦在《宝岛诸神》一书第五章"郑成功：从英雄到圣神"中的文字能够帮助解答读者的疑问：

郑成功三十九岁去世后，随他来台的官兵，便在东安坊（今台南）建"开台圣王庙"供奉他。依据《明史》中有"太祖以功臣配享太庙"的记载，可见依据明代的立法，在功臣死后立庙是个惯例。清朝占领台湾后，改称为"开山王庙"。光绪元年（1875年）敕封为"延平郡王"，官方便建祠以祀，此即为台南市的"延平郡王祠"。连雅堂《台湾通史·宗教志》云："顾吾闻之故老，延平郡王入台后，辟土地，兴教养，存明朔，抗满人，精忠大义，震曜古今。及亡，民间建庙以祀……。"

这段文字表述了当时台湾民众何以为郑成功盖庙立祠的原因，所谓"辟土地、兴教养"，指郑成功在台湾的系统化建制，包活在政治上的行政区域划分，土地的开垦，并且将中国文化正式植入台湾。而"存明朔、抗满人"，则是从汉人角度评判这位誓死保卫民族气节的民族英雄之功绩。这两方面的事实塑造出对这位开台圣王的价值信念的认同。人们对于有功于社会国家，造福百姓乡里的人物，因肯定与感谢其在世的事功，便会立庙以祀之。此即《礼记》所载："夫圣王之制祭祀也，法施于民则祀之，以死勤事则祀之，以劳定国则祀之，能御大菑则祀之，能捍大患则祀之。"溯其源流，在原始的神话思维中，亦有对已逝的人或在世的人的崇拜与信仰，其往往肇端于对于一世族祖灵的敬畏、感念及对统治者所表征的神性的尊崇。在儒家之后，国家祭仪成为一种祭祀者本身透过祭祀而提示自己效仿前人的仪式。这样一种因功而在死后入祠，为后人感念的体制，亦渐渐推高了这些有功者别于一般人的神性地位，由人而为神遂成为自然的事了。为了更好地从理论上说明此种以人为神的现象，文学人类学一派倡导本土的神话研究者将所关注的关键词从"中国神话"转换到"神话中国"。引导国人从本土文化自觉的意义上重新认识"玉石里的中国"，当然也是我们重新面对"神话中国"的题中之义。

从"圣人怀玉"到"盛世藏玉"

华夏的崇玉传统如此深厚，不光在玉质的神圣偶像生产方面占据着全球首屈一指的地位，也同时培育出潜力十分巨大的玉器消费市场。在儒家君子佩玉制度的推波助澜作用下，到宋元明清时代，玉佩饰和玉摆件走进千家万户，特别是在明清以来的苏州和扬州等地，形成规模性的南方玉文化产业集群。这就让自古有"国石"之誉的新疆和田，从十分稀有的国宝到富裕人家的传家宝，成为中国人喜好珍藏的宝物，并且在古文字中留下太多不可磨灭的印记。

以"宝"这个汉字的来历为例，从其字形和字义演变，都能够很好的说明为什么中国人要以玉为宝。按照《中文大辞典》给出的释义，"宝"字一共有 15 种意思，排在本义即第一项的便是"玉"，兹引述其前 8 种语义说明如下：

宝

1. 玉石、玉器的总称。《国语·鲁语上》："莒太子仆弑纪公，以其宝来奔。"韦昭注："宝，玉也。"《公羊传·庄公六年》："冬，齐人来归卫宝。"何休注："宝者，玉物之凡名。"《韩非子·和氏》："王乃使玉人理其璞而得宝焉，遂命曰：'和氏之璧'。"

2. 印信符玺。古代天子诸侯以圭璧为符信，泛称宝。秦始以帝后的印为玺，唐改称宝。《诗·大雅·崧高》："锡尔介圭，以为尔宝。"《新唐书·车服志》："至武后改诸玺皆为宝。中宗即位，复为玺。

开元六年，复为宝。"

3. 贵重的东西。《书·顾命》："越玉五重陈宝，赤刀大训弘璧琬琰在西序，大玉夷玉天球河图在东序。"孔传："列玉五重又陈先王所宝之器物。"《墨子·七患》："故备者国之重也，食者国之宝也，兵者国之爪也，城者所以自守也。"《礼记·礼运》："天不爱其道，地不爱其宝，人不爱其情，故天降膏露，地出醴泉，山出器车，河出马图。"

4. 宝贵的；珍贵的。

5. 用宝物装饰的。

6. 珍爱；珍视。《书·旅獒》："不宝远物，则宝人格。所宝惟贤，则迩人安。"《孟子·尽心下》："宝珠玉者，殃必及身。"

7. 珍藏。《礼记·礼器》："家不宝龟，不藏圭，不台门，言有称也。"

8. 谓美德，善道。《论语·阳货》："怀其宝而迷其邦，可谓人乎？"皇侃疏："宝犹道也。"

古往今来的宝玉故事，堪称千奇百怪，成为中国文学中风景独好的一个特色方面。在《楚辞·九章》中有一篇《涉江》，其中有"被明月兮佩宝璐"一句。璐字从玉，一看就知道属于美玉的一种。《诗经》中的"琼瑶"，名气更大，也是二种美玉的专称。要追问璐、琼、瑶三者究竟指什么玉种，后人基本上都无言以对。称得上是国家宝藏的珍奇物质，一般以某种被赋予神秘性的玉礼器为主，在古汉语中称为"宝器"、"宝圭"、"宝应"等多种名目。特别是在秦始皇传国玉玺之后，特创出一批新词，如"宝玺""玺运"等，皆有镇国之宝的蕴意。《周礼·春官·天府》云："凡国之玉镇大宝器藏焉。"唐贾公彦疏："此云玉镇，即《大宗伯》云以玉作六瑞镇圭之属，即此宝镇也。"

我们先看先秦就流行的"宝器"一词。这个词特指朝廷中秘藏的象征王权王位的皇家礼器。还是《周礼·春官·天府》的说法："凡国之玉镇大宝器藏焉。若有大祭大丧，则出而陈之。既事，藏之。"意思是说国之利器不可以示人，通常让其处于秘密状态，因为按照古人的观念这种圣物关系到国家安危命运，若非逢国家重大祭祀礼仪等活动场合，不可以轻易拿出来使用，也绝不能随便给人看的。每当一个政权覆灭，其宝器也一定会改易主人。《左传·庄公二十年》讲到："秋，王及郑伯入于邬，遂入成周，取其宝器而还。"邬是郑国的一个城邑。这一年的事件史称"王居于栎"，其背景是这样的：公元前674年，郑国安置周惠王姬阆居栎城。周惠王是周庄王之子，东周第五代国王，他即位后第二年（公元前675年）秋，为国、边伯、詹父、子禽、祝跪等五个大夫，由于庄王生前曾嘱咐立庶子子颓为国君，对姬阆即位不满，就联合贵族苏氏，一起拥奉子颓，发动叛乱，攻打姬阆，却被击败后出逃。子颓先逃到温国（今河南温县），又逃到卫国。卫惠公由于怨恨周王收留自己的政敌公子黔牟，就联合南燕，支持子颓。这年冬，卫和南燕出兵攻入周朝都城，逐走姬阆，立子颓为天子。郑厉公（即郑伯）出面调解周王室之乱，未成功，就在公元前674年春俘获南燕国君仲父，并且将流亡在外的姬阆安置在郑国的别都栎（今河南禹州市），还将王室的神圣宝器从成周搬到栎，供姬阆享用。意思就是国之宝器所在，即政权之所在。从《左传》的叙事看，"宝器"二字，在当时意味着重如泰山。

再以孔子著《春秋》得天赐宝玉璜的故事为例，进一步说明宝器宝物的神秘性蕴意。据《宋书·符瑞志上》记载，孔子修成《春秋》，感动上天："天乃洪郁起白雾摩地，赤虹自上下，化为黄玉，长三尺，上有刻文。孔子跪受而读之曰：'宝文出，刘季握。卯金刀，在轸北。字禾子，天下服。'"这个故事充分表明每当有宝玉出现在人间时，世人敬重有加的那一份虔诚。我们据此认为在古人的玉石信仰中隐藏着的情感是纯粹的宗教情感。孔子得天赐玉璜故事，绝不是创作文学作品供人欣赏和消遣的，其中的天人感应信仰观念，发挥着支配性的作用。

再以"宝瓮"故事为例，相传是帝喾时丹丘国所晋献的一件玛瑙瓮，后来舜得到这件珍宝，将宝瓮转移到衡山上，给衡山留下有关宝露坛的传说；后又将其转移到零陵之上。舜死后，这件玛瑙瓮沦于地下。至秦始皇通汨罗之流为小溪，从长沙至零陵：

掘地得到赤玉瓮，可容八斗以应八方之数，在舜庙之堂前。后人得之，不知年月。至后汉东方朔识之，朔乃作《宝瓮铭》曰："宝云生于露坛，祥风起于月馆。望三壶如盈尺，视八鸿如萦带。"（王嘉《拾遗记·高辛》。）

围绕着国之宝器的主题，历代的叙事文学都有丰富的再创作，而民间文学则更是乐此不疲。大凡和田玉、独山玉、蓝田玉和岫岩玉等各地玉种，都被加以神话化的描写和渲染。从民间收藏的情况看，玉质的种类涉及到水晶、玛瑙、绿松石和各种庞杂的名目。导致全民收藏玉器的重要原因在于儒家伦理的推动。

华夏文明对个体人格的高洁理想，有儒家描述的一句名言流传千古，那就是"君子如玉"。君子人格的培育，是儒家思想所聚焦的核心观念。如果将儒家的起源归结到带有突出宗教信仰特征的"儒教"之根，那么君子人格理想的原型，就是孔圣人竭力推崇的古代六位圣王，依次为虞夏商周四朝代的"尧舜禹汤文武"，即虞代的两位尧和舜，西周的两位周文王和周武王，夏代和商代的各一位：开国之君夏禹和商汤。孔子自己说："若圣与仁，则吾岂敢？"这就清楚地表明，儒家认为圣人境界不是一般人可以企及的，而君子境界则是可以修炼而达到的。孔子将世上所有人的人格境界划分为三等级：圣人，君子，小人或俗人。一般的民众没有经过礼乐教化熏陶的，只能滞留在最低一级即小人。经过教化和人格修养培育的，有望上升为君子。孔圣人虽被后人奉为圣人，他自己所追求的境界只能是效法圣人境界的君子而已。圣人，在孔子生活的时代几乎已经在华夏大地上绝迹了，不然的话孔圣人也不会那样强烈地表现出极度好古的倾向，言必称三代，并盛赞"大哉尧之为君也"，连做梦都想见到周公和凤凰。

既然孔子心目中的圣人就是远古的圣王，那么其标识物是什么呢？

老子《道德经》一语道破天机："圣人被褐怀玉。"儒道两家在政治理念和处世为人方面有针锋相对的观点，但是在崇奉远古圣人（圣王）方面，却完全一致。造成这种观点上异同兼备现象的原因，其实很简单，小传统

的儒教、道教的思想，都是脱胎于"同根生"的大传统
"玉教"神话和信仰系统，其实也包括墨家思想、阴阳家
和兵家等在内，没有例外的情况。

从老子那一句泄露天机的话，给今日考察华夏文化
渊源的学人带来实际的研究启迪：只要从大传统出土的
文物中寻找圣人所遗留下的"怀玉"物证，那么，远古
时期的圣人是何许人也的疑问，也就很容易对号入座，
获得一种前无古人的明鉴状态。本书第三章"万岁的中
国"中第二，第三个考古遗址的案例，皆为五千年前地
方方国政权的"圣王"墓葬之再现。试想，五千年前能
够动用社会大量劳动力和玉雕工匠为自己生产数以百计
玉礼器作为随葬品的墓主人，那位将8个羽冠神人像精
雕细刻在"玉琮王"四个侧面的墓主人，他们若不是
"王"，又岂能做到这一点呢？

史前时代，玉是神玉圣玉，非圣王即社会的统治者
莫属。在早期文明时代，玉是权力和政治的象征物，因
为不同颜色和质地，属于社会上层的不同等级。到了西
周政权灭亡之后，玉开始脱离政治条件的束缚，进入到

玉石里的中国

市场流通层面，一方面被儒家说成君子的象征，另一方面则成为富裕和财力的象征。尽管有道家鼻祖老子在《道德经》所说的"金玉满堂莫之能守"的道理；还有儒家亚圣《孟子·尽心下》所说的"宝珠玉者，殃必及身"，但这些大道理毕竟还是无法阻挡古今国人对美玉的艳羡与追求。《淮南子·主术训》说："人主好高台深池，雕琢刻镂，黼黻文章，絺绤绮绣，宝玩珠玉，则赋敛无度，而万民力竭矣。"玉石资源和玉器商品先是统治者所好，后来则逐渐成为整个上层社会的爱好和追捧对象。从历朝历代的文化经验看，古人总结出一套华夏收藏的哲理，用两句话来概括，就是"乱世藏金，盛世藏玉。"

从历史上看，全民藏玉的盛世并不多见，似乎唯有清代能算得上一个例外。康雍乾三朝连续用兵，终将新疆地区纳入中央政府的有效管治之下，所有重要的产玉矿点，数千公里的西玉东输路线，都在国家军事力量的护卫之下，这就有效保障了和田玉大批量供应中原市场，使之能够真正普及到民间消费之中。这种海量的用玉情况，在以前的历史中从未出现过。

清代的和田玉玉器会普及到什么程度呢？说起来似乎无人相信，到了清末民国的时候，和田玉已经应用到大量制作妇女头上的玉簪子、老人帽子上的玉帽花和玉帽正、烟袋杆的玉烟嘴子和玉吊坠，等等。

伴随着全球化浪潮的推动，古老的中国玉文化正在加速走向世界，必然会在未来的全球一体化的过程中大放异彩。以 2008 北京奥运会奖牌设计为例，白玉配黄金，青玉配白银，碧玉配黄铜的系统玉色理念，得到了空前的普及。三种玉色，原来代表的是古代国家官方规定的三个等级层次。只要熟悉汉语成语"白璧无瑕"和"小家碧玉"之类，对不同颜色玉石的价值高下，就会自有判断。不同文明的至高价值观不同，西方文明的拜金主义，通过古希腊的黄金时代和白银时代、黄铜时代神话历史观，铸就其奥运会奖牌的三个等级的质料。而华夏文明价值观以玉为至高无上，则三种不同颜色的美玉，分别对接金牌银牌铜牌的三种金属价值观，显得生动而具体。

良渚文化玉璜上的羽冠神人像

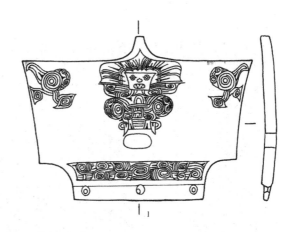

良渚文化瑶山 M2：1 冠状玉器图像：羽冠鸟人与左右二鸟

"鸟有冠而人无冠"，殷墟妇好墓出土铜鸮尊，角鸮毛角高耸的形象如同戴冠

鸟有冠而人无冠，殷墟出土商代长冠鸟

号称世界最大和田玉碧玉整雕的神
像——郑成功像

2008北京奥运会金牌的金镶玉设计：体
现中西文化合璧理念

这部小书《玉石里的中国》分为九章，旨在通过对玉石这一贯穿华夏文明历史的物质符号的解说梳理，凸显中国文化大传统新理论对全景中国观和万年中国史新观念的引领拉动作用，结合考古新发现的生动案例，应用物质文化研究的新成果，与时俱进地更新我们对中国的整体性认知，尽力向读者呈现"以往所未知的中国故事"，若用一个字概括本书内容，那就是一个"国"字。读者至此终于会领悟到：为什么我们中国人设想的"国"，是四方的城墙守护着一种物质：玉。

图书在版编目（CIP）数据

玉石里的中国/叶舒宪著.-上海：上海文艺出版社.2019.7

（九说中国）

ISBN 978-7-5321-7263-4

Ⅰ.①玉… Ⅱ.①叶… Ⅲ.①玉石－文化－中国

Ⅳ.①TS933.21

中国版本图书馆CIP数据核字（2019）第122215号

发 行 人：陈　徵

策 划 人：孙　晶

责任编辑：胡远行

封面设计：胡斌工作室

书　　名：玉石里的中国

作　　者：叶舒宪

出　　版：上海世纪出版集团　　上海文艺出版社

地　　址：上海绍兴路7号　200020

发　　行：上海文艺出版社发行中心发行

　　　　　上海市绍兴路50号　200020　www.ewen.co

印　　刷：山东临沂新华印刷物流集团有限责任公司

开　　本：787×1168　1/32

印　　张：7.5

插　　页：2

字　　数：109,000

印　　次：2019年7月第1版　2019年7月第1次印刷

ISBN：978-7-5321-7263-4/G·0247

定　　价：25.00元

告 读 者：如发现本书有质量问题请与印刷厂质量科联系　T:0539-2925888